城乡绿地生态网络构建研究
——以扬州市为例

苏同向 著

U0345227

中国建筑工业出版社

图书在版编目（CIP）数据

城乡绿地生态网络构建研究——以扬州市为例／苏同向
著．—北京：中国建筑工业出版社，2018.4
ISBN 978-7-112-21756-4

Ⅰ．①城… Ⅱ．①苏… Ⅲ．①城市－园林－规划－生态系
统－研究－扬州 Ⅳ．①S731.2

中国版本图书馆CIP数据核字（2017）第329767号

本书以扬州市为例，围绕城乡绿地生态网络构建进行探讨研究。全书内容共分八章，包括：绪论、国内外相关研究与实践、城乡绿地生态网络的构建体系、城乡绿地生态网络的构建方法、研究区概况、扬州城乡绿地生态网络的构建基础分析、扬州城乡绿地生态网络构建方案、结论。

本书可供风景园林、城市规划、城市设计、土地规划等专业师生及相关建设、管理人员参考使用。

责任编辑：李　杰　葛又畅
责任校对：李美娜

城乡绿地生态网络构建研究——以扬州市为例
苏同向　著
＊
中国建筑工业出版社出版、发行（北京海淀三里河路9号）
各地新华书店、建筑书店经销
北京锋尚制版有限公司制版
北京建筑工业印刷厂印刷
＊
开本：787×1092毫米　1/16　印张：13　字数：222千字
2017年12月第一版　2017年12月第一次印刷
定价：48.00元
ISBN 978 - 7 - 112 - 21756 - 4
（31596）

　　城乡绿地生态网络具有保护自然、文化、游憩等景观资源，控制与引导城乡发展，协调城乡关系和相应法规和经济手段相结合的特征，是一种将保护手段、发展方式与空间资源特征建立耦合效应的技术手段和公共政策，是在当前我国城镇资源相对短缺、人口众多、生态环境比较脆弱、城乡区域发展不平衡的背景下，对"以人为本、四化同步、优化布局、生态文明、文化传承"的中国特色新型城镇化总体目标的积极回应，也是风景园林学科在缓解资源环境强烈约束方面所提出的具体策略。

　　本书首先阐述了城乡绿地生态网络构建的研究缘起、时代背景、实践背景和理论背景，包括城乡绿地生态网络的范式演变、城乡绿地生态网络发展的时代特征以及城乡绿地生态网络构建的发展现状，立足我国国情，回顾总结与城乡绿地生态网络构建密切相关的城市规划和城市绿地系统规划发展过程，以及当前存在的问题，分析城乡绿地生态网络构建出现的合理性和研究的必要性。

　　其次，结合当前我国社会经济发展水平、自然环境条件以及制度体制，对构建具有中国特色的城乡绿地生态网络构建的理论体系、制度体系和管理体系进行思考。归纳总结了城乡绿地生态网络构建流程的六个步骤：收集和处理各类场地数据、详述绿地生态网络构建的目标体系、评价和分析城乡绿地生态网络的构建元素、多途径绿地生态网络的构建与叠加整合、运行机制与管理措施。以自然景观保护、文化遗产保护、市民游憩需要三种途径所构建的城乡绿地生态网络为目标网络，从市域、规划区、中心城区各自的需求出发，进行相应叠加多层级绿地生态网络，形成综合性城乡绿地生态网络，并在此基础上对城市绿地系统规划进行按尺度、按建设目标的规划整合。

　　再次，结合案例城市扬州，从自然生态资源、文化景观资源、市民游憩资源对扬州城乡绿地生态网络的构建资源进行解读分析，得出生态与人文资源的融合是扬州历经千年的演化、蜕变之后呈现的显著特征，也成为当前城乡绿地生态网络构建最为宝贵的特色资源。以2003年Landsat 7和2013年Landsat 8影像为主要数据源，基于GIS环境下相关景观指标的绿地生态网络格局分析，为城乡绿地生态网络构建提供技术支撑。分析结果显示：扬州市土地利用类型状况明显发生改变，整体景观格局表现为破碎度降低、斑块更加规整、集聚化加强、优势度下降和多样性降低。在扬州市城市规划过程中，应继续加强对湿地的保护，加大对林地和草地的保护，加强城市绿地生态网络的建设，使扬州市景观格局要素增多、多样性上升，有利于扬州市城市系统更加稳定，真正实现城乡的可持续发展。

最后，结合最小耗费距离模型的网络体系模拟，论证了基于自然景观保护、文化景观保护、市民游憩需要的扬州城乡绿地生态网络构建的可行性与必要性；同时又结合新一轮扬州城市绿地系统规划修编工作，提出相应的规划对策，在规划过程中具体实践贯彻城乡绿地生态网络构建的思想与理念。

目 录

第1章

绪论

1.1 研究缘起

从2002年跟随导师从江苏省苏州中新工业园区绿地系统规划编制开始，到2016年为止，参与了10余个城市绿地系统规划编制，实践跨越了我国经济较发达的长三角地区和经济相对落后的华北小县城，在气候带上有亚热带季风性湿润气候和温带季风气候的显著差异，但各个城市的绿地系统规划编制却异曲同工。已编制城市绿地系统规划的城市都是按照原建设部2002年颁布实施的《城市绿地分类标准》CJJ/T 85—2002和《城市绿地系统规划编制纲要（试行）》（建城〔2002〕240号）的要求，着重对规划建成区的各类园林绿地和市域大环境绿化的空间布局进行规划。2012年、2014年分别受盐城市（城市绿地系统规划2003年编制）、扬州市（城市绿地系统规划2003年编制）园林管理局的委托，对这两个城市绿地系统规划进行修编。修编中发现，上版绿地系统规划实际并没有指导好城市绿地的建设，而且随着城市的快速发展，所做绿地系统规划与现有城市总体规划之间脱节现象明显。原有绿地系统规划所规划的绿地布局与结构经过十余年的城市发展，基本自然形态都已荡然无存[1]。

2008年，笔者有幸参与由科技部、住房和城乡建设部资助，我国风景园林界首个国家科技支撑计划"城镇绿地生态构建和管控关键技术研究与示范"的研究工作。研究单位包括同济大学、北京林业大学、南京林业大学、中国城市规划设计研究院等全国近30家知名高校、院所。课题指南里特别明确，针对我国城镇化绿地建设中存在的相关问题，通过协同研究，力争在城镇绿地建设关键技术方面取得一定成就，创建城镇绿地生态构建和管控集成技术体系与标准规范，使中国的城镇绿地生态建设与信息支持系统之间实现耦合，达到精确、高效，提升城市生态系统服务功效。项目下设6个研究课题内容，其中课题2"城镇绿地空间结构与生态功能优化关键技术研究"，主要在对城镇绿地充分识别、分析评价的基础上，研究不同类型城镇发展与绿地空间布局的耦合关系，研究城镇发展与城镇绿地建设的相互作用和反馈机制，提出不同城镇类型与绿地空间耦合模式，研究绿地空间扩展模型与动态模拟技术，探究绿地景观空间格局的优化技术方法以及动态调控技术[2]。

2013年10月，江苏省第二批协同创新中心开始申报。其中，南京林业大学联合同济大学、东南大学、江苏省城市规划设计研究院、美国德州农工大学等国内外重点高校、科研院所和科技型企业，在原有合作基础上组建"美丽城乡与生态文明建设协同创新中心"，并进行申报（笔者是协同中心申报书的统稿人和城乡生态景观网络构建平台的撰写者）。重点打造城乡生态景观网络构建、城乡特色景观保护与发展、城乡绿色基础设施建设、城乡景观植物资源开发与应用、城乡经济与生态文明协同发展等5个创新平台。城乡生态景观网络构建平台重点研究城乡景观绿地系统规划技术、城乡生态景观规划技术等问题，希望在生态红线划定方法与关键技术研究方面实现重点突破。

通过对上述课题和项目的研究，笔者对当前我国新型城镇化的建设情况有了深入了解，同时也认识到现阶段中国城市绿地系统规划与建设中存在的问题。因此，希望从风景园林学的视角，通过在专业上的钻研和探索为我国新型城镇化的良好发展贡献微薄之力。同时，通过研究的不断深入，笔者发现空间结构生态网络化的缺乏，会导致绿地生态功能难以充分发挥效益，使原有城市绿地系统规划结构布局变成纸上谈兵、难以实现。另一方面，城市与乡村之间有着纯天然的互动联系，当前城市的问题并不仅仅限于建城区范围，必须与乡村，乃至区域，协同一致成为整体，才能妥善解决。城与乡的关系应当是一个完整的复合体，是一个相互联系的生态系统。在此基础上，若不充分地了解这个系统，而贸然地进行决策，轻易改变自然的现状，那么非常脆弱的自然生态平衡就很可能被破坏掉。

因此，在当前新型城镇化的建设中，城市的发展更应该立足于区域，把整个区域看作一个完整的复合体，看作一个互相联系的生态系统，将绿地生态网络作为这个区域的重要组成部分，结合自然水系网络、文化遗产网络、游憩资源网络与城乡交通网络，使绿地生态网络与城乡功能区的空间耦合性更加灵活多变，面对天然灾害时能发挥更强的韧性特性，对保护城市生态环境，反映城市景观格局，引导城乡空间形态的发展以及非建设用地的产业布局才能起到积极的调控作用[1]。

本文基于扬州城市绿地系统规划（修编）实践的探索，通过对城乡绿地生态网络构建理论与方法进行探讨，希望能够寻找到一条适合我国新型城镇化发展需要，更好提升城乡绿地生态服务功能，促进城镇绿地环境质量改善与满足城镇绿地生态安全保障的路径。

1.2 研究背景

1.2.1 新型城镇化下的城市生态环境面临的挑战

21世纪前十年的最大主题，除IT革命外，就是我国的城镇化。从1978年到2014年，我国的城市人口从1.72亿增加到7.49亿，城镇化水平从17.92%提高到54.77%（图1-1）[3]。1991年到2014年23年间，我国城市建设用地总面积由1.40万km²增加到4.18万km²。在我国城市用地分类与规划建设用地标准中，工业用地占比为10%～30%，而世界各国城市规划标准是城市工业用地正常不超过城市用地的10%～15%[4]。

我国城镇化建设程度已接近世界平均水准，但是各方面存在的问题矛盾十分突出。一方面，城镇空间的快速扩张占用大量非建设用地，其主要的来源是耕地、林地、湿地和园地等，城镇化的快速发展改变了自然栖息地和物种种群的空间分布，生态用地被各类人工建设用地分割、蚕食，原有连续的自然生境受到破坏，物质循环受到影响，生态系统稳定性下降，生物多样性减少，抗外部干扰能力减弱。城镇化的快速发展很大程度上是以牺牲自然生态系统的健康和降低城市生活品质为代价的。

另一方面，城乡大环境生态系统的功能退化，已经体现到城市小气候的环境恶化。建设规模不断扩大，环境承载力的不可持续，生态失衡、资源挥霍、城乡历史文化遗产的毁灭和城市特色的消逝、能源消耗、环境恶化、城市灾害频繁发生已开始成为我国城镇化建设面对的六大问题[5]。同时还带来整体空间分布的不均衡，局部地区生态环境恶化

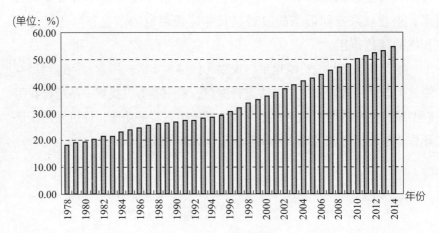

（单位：%）

图1-1 1978～2014年我国人口城市变化图

数据来源：中国统计信息网。

较严重，区域生态安全体系受到侵蚀，各生态要素之间缺乏有效的联系廊道。当前，土地生态安全格局的修复已成为我国继人口问题之后面临的另一大挑战。这些都急需采取有效手段，来加强生态安全体系建设。

1.2.2 新型城镇化下的城乡绿地建设面临的挑战

1992年原建设部开始实行"国家园林城市"创建活动，之后，国家林业局也在2004年启动"国家森林城市"的评比，"创园"和"创森"项目的实施，进一步推动了各地城市绿地建设，促进了各项绿地指标的显著提高。截至2014年底，共有17批307个城市（县、区）获"国家园林城市"殊荣，75个城市获"国家森林城市"称号。2005～2014年全国城市建成区绿化覆盖面积、绿化覆盖率、绿地率、城市人均公园绿地面积都取得了很大的提升（表1-1）[6]。

但应当看到"三高"指标的背后并没有带来城乡生态环境质量的本质改观，绿地指标的增加更多仅局限于建城区范围，广大的乡村地区重视程度普遍不高；而且多数绿地指标提升的背后是以牺牲部分农田、湿地等生态敏感用地为代价的，破坏了水资源和生态环境。2012年《南都周刊》杂志曾报道过西部一个年降水量仅159mm的城市，为达到某项国家评选标准，需要增加绿地建设，可仅仅只为增加10%的绿地率，却

2005～2014年全国城市绿化指标统计　　　　　　　　　　表1-1

年份	建成区绿化覆盖率（%）	绿地率（%）	人均公共绿地面积（m²）	建成区绿化覆盖面积（hm²）
2005	31.66	—	7.39	—
2006	32.54	28.51	7.89	—
2007	35.11	—	8.30	—
2008	35.29	—	8.98	125万
2009	37.73	33.29	9.71	135.62万
2010	38.22	34.17	10.66	133.81万
2011	38.62	34.47	11.2	161.2万
2012	39.2	35.3	11.8	171.9万
2013	39.59	35.72	12.26	181.2万
2014	39.7	35.8	12.6	190.8万

数据来源：2005～2014年中国国土绿化状况公报，表中空缺数据因当年公报中没有体现。

要消耗这个城市三分之一的总用水量。另一方面，乡村的绿地建设不足和串联城乡关系的绿地网络不健全，造成城乡绿化连通性不够，实际上反过来也影响到城市生态环境。

快速城镇化的后果之一是连续绿地斑块的破碎化。快速城镇化阶段容易带来城市空间无序蔓延，割断了生产、生活、生态三大空间的联系，使得城市郊区呈现一种低密度、无序的空间拓展方式，这种城市空间拓展方式是绿地破碎化增加的重要原因。

1.2.3　新型城镇化下的城市绿地系统规划面临的挑战

我国城市绿地系统规划作为主要的城市绿地空间法定规划出现在2002年，当年原建设部相继出台《城市绿地分类标准》（JJ/T 85—2002）和《城市绿地系统规划编制纲要（试行）》（以下简称《纲要》），标志着我国城市绿地系统规划编制工作步入了法制化。但是应当看到，在过去的几年里，绿地系统规划建设还是存在许多问题。

首先，城市绿地系统规划只注重规划形式而忽视规划效果。虽然《纲要》里明确城市绿地系统规划要求，但在实际执行过程中，城市绿地系统规划只能被动地适应相关规划。如"土地利用总体规划"已经统筹规划好各类各区域用地内容，各类各区域的控制指标及市域范围内的大部分"其他绿地"都已确定；而"城市总体规划"也已经确定了城市的规模和发展方向，对于参与城市建设用地平衡的公园、防护、生产等三类绿地，已经给予明确的位置和规模。城市绿地系统规划却又滞后于城市总体规划，总规中绿地的结构布局都已经被限定死，最后能做的也只是绿地指标面积的再细化再分解，根本无法建立城市绿地与城市发展的协同对应关系，最终规划只能流于图纸表现。

其次，规划范围重视城市规划建成区、建设用地，轻视城市外围市域的空间范畴、非建设用地。城市绿地系统规划侧重于城市规划建成区，规划中所涉及的五大类绿地中，除了"其他绿地"外，其他均处于建成区范围，导致建成区内绿地精雕细琢，而建成区之外的市域绿地系统规划却粗枝大叶、草草了事。虽然《纲要》中明确将"市域绿地系统规划"单列成章，但市域范围内的绿地管理分属多个部门，受制于部门权限、调研时限等原因，实际规划内容离完整意义上的"市域绿地系统规划"差得很远。当前城市生态环境的问题有很大一部分是忽视了乡村的环境建设和保护，对于城市的生态环境来说，城乡空间本为一体，城市的很多环境问题根源在于乡村。因此，仅仅靠建城区范围内的绿地实际难以有多大改善，城郊乡村乃至更大范围的生态用地维持了城市气候、空气和水源等生态环境，河流水系的连通，乡村农田的开敞空间等，这些都是城市生态系统的稳定性不可或缺的成分。

第三，实际规划中过于重视绿地指标与相关"国家园林城市"、"生态园林城市"的评比对应关系，忽视了城市的主要基础职能和绿地本身价值功能。规划内容应不仅仅考虑将景观引入城市，同时也要使城市的未来发展融入周围的景观。现有城市绿地系统规划中的绿地布局体系和结构功能，过于强调绿地形态，对于绿地、城乡产业未来发展而言，城市绿地系统不只是一块块绿地的堆积物，而是由社会联系、生态关系、文化价值、市民游憩需要构成的有机组织构造，是在城市的不断发展和变迁当中，全面考虑城市范围内的所有力量和因素，由相互关系的绿地所形成的连续网络系统。

第四，规划实施部门的权限问题。城乡区域内的绿地系统规划涉及国土、林业、规划等多个专业部门，管理主体多头造成政出多门。如国土部门偏重于按国土功能和资源约束规划国土生态建设空间，反而忽视了城与乡之间的生态空间关联；林业部门主要负责城区外部用地的绿化和植树造林、封山育林等林业生态建设；城区内部的绿地和绿化建设却又由城建部门承担；而很多相应的城乡生态绿地规划却又由规划部门组织编制。政府权责的重叠交叉、城乡管理权限不统一、城乡协调机制不完善等问题，导致城乡分离、资源的多头管理，无法及时发现和协调解决城镇化过程中的生态建设问题，容易造成城镇间的生态系统服务功能退化和森林景观破碎化[7]。

1.3 研究目的与意义

1.3.1 研究目的

当前我国城镇化背景下的城市整体生存状态堪忧：城市无序扩张导致城市生态系统服务功能衰退、城市功能和结构不相匹配、城市社会及基础设施服务不完善，最终将导致城市特色风貌丧失[8]。长久以来，我们对于这些问题采用头痛治头、脚痛治脚的解决方法，忽视了问题产生的整体性，这种单一目标的解决途径使得城市生态环境状况更加日益恶化。传统的城市绿地系统规划思想与技术手段也在城市屡次突破人口与用地规模和指标的现实面前显得力不从心。

扬州市2007年被列为全国首批11个"国家生态园林城市试点城市"之一[9]。伴随着"国家生态园林城市"创建的步伐，扬州市不断推进"绿杨城郭新扬州"行动计划，着力建设"绿杨城郭、秀美扬州"。至2012年底，扬州市建成区绿化覆盖率43.20%、绿地率40.85%，城市人均公园绿地面积16.88m²，这些绿地的指标数据都位居全国前列。

2013年10月，江苏多数城市都被雾霾天气笼罩，持续时间有15～20天/月，严重地区超过20天/月，居全国之首。而扬州也未能独善其身，2013年12月5日全国空气污染排行榜中，扬州位于第三名（图1-2）。持续时间长、污染程度严重的"雾霾"在成为网络热词的同时，实质上也已影响了城镇化的发展。虽然三大绿地指标突飞猛进地提高，但是部分绿地之间连通性不够，城乡之间没有形成良好的生态网络体系。尽管硬指标均获得提高，但不得不说，扬州城市生态环境质量的整体改善尚不能与之成正比。

2013年12月中央城镇化工作会议提出城镇化"要依托现有山水脉络等独特风光，让城市融入大自然，让居民望得见山、看得见水、记得住乡愁"[10]，"促进生产空间集约高效、生活空间宜居适度、生态空间山清水秀"，"形成生产、生活、生态空间的合理结构"[11]。按照新型城镇化和城乡发展一体化的新要求，扬州需要优化城乡生态空间布局，营造"看得见山、望得见水、记得住乡愁"的现代化生态园林城市。

本文以扬州城市绿地系统规划修编为契机，尝试让绿地系统担当起扬州城乡生态空间建设的总纲领职责，把整个扬州城乡区域看作一个完整的复合体和互相联系的生态系统，融入现代生态、绿化、园林的思想，将绿地生态网络作为扬州城乡区域未来发展的生态骨架，有机结合自然水系网络、文化遗产网络、游憩资源网络与城乡交通网络等，通过绿地网络的建设将景观引入城市，同时也使城市的发展融入周围的景观，旨在土地资源供给受限、资源保护与利用需协调并重的背景下，构建一个可控制并引导城市合理发展的多层次、多目标的生态网络保护框架，通过对城市绿色开敞空间的控制与建设引导，使城镇绿地与城镇其他用地相互耦合发展，从而使绿色开敞空间成为城乡发展的重要组成部分，进而形成与城镇化发展共轭共生的相伴状态。这是在新的历史时期，在资源保护从传统被动适应向积极主动防御方式转变的新思潮下，城市绿地系统规划和快速城镇化相顺应的一个改变方式，是城市建设贯彻落实新型城镇化建设发展的重要举措，也是扬州全面推进城市化发展的现实需求。

本文基于扬州城市绿地系统规划（修编）实践的探索，通过对城乡绿地生态网络构建理论与方法进行探讨，希望能够寻找到一条适合我国新型城镇化发展需要，更好提升城乡绿地生态服务功能，促进城镇绿地环境质量改善与满足城镇绿地生态安全保障的路径。

排行	城市	中标	美标	排行	城市	中标	美标
1	合肥	475	475	39	长沙	145	180
2	常州	442	441	40	湘潭	141	179
3	扬州	434	434	41	乌鲁木齐	130	178
4	镇江	431	430	42	重庆	124	175
5	绍兴	418	418	43	太原	121	170
6	泰州	417	417	44	贵阳	115	167
7	徐州	874	373	45	沧州	117	167
8	嘉兴	372	371	46	佛山	111	165
9	南京	358	358	47	肇庆	107	164
10	宁波	341	341	48	江门	107	164
11	衡水	323	322	49	郑州	101	162
12	无锡	317	317	50	东莞	99	161
13	武汉	309	308	51	海口	94	158
14	连云港	307	307	52	银川	87	156
15	青岛	304	303	53	西宁	83	154
16	金华	302	302	54	舟山	83	154
17	济南	296	295	55	深圳	82	154
18	湖州	279	278	56	廊坊	82	153
19	杭州	275	275	57	大连	79	152
20	衢州	270	270	58	惠州	75	149
21	盐城	263	263	59	唐山	75	148
22	广州	259	259	60	中山	75	147
23	淮安	248	248	61	珠海	74	146
24	苏州	245	245	62	哈尔滨	73	145
25	成都	239	238	63	福州	71	140
26	宿迁	227	227	64	承德	68	133
27	南昌	222	222	65	昆明	67	131
28	上海	214	213	66	天津	62	121
29	邯郸	210	209	67	厦门	60	118
30	邢台	205	204	68	兰州	52	105
31	台州	203	202	69	西安	46	93
32	南通	187	195	70	长春	40	85
33	保定	186	195	71	呼和浩特	33	75
34	丽水	182	193	72	秦皇岛	29	69
35	南宁	180	192	73	张家口	27	65
36	石家庄	166	187	74	沈阳	23	59
37	株洲	165	187	75	北京	21	57
38	温州	161	186	76	拉萨	17	50

图1-2 2013年12月5日7时全国空气污染排行榜

数据来源：中国城市空气污染排行http://weibo.com/637578234

1.3.2 研究意义

1. 理论意义

新型城镇化下土地资源供给受限，对土地的需求却又将大幅增加，本文选择城乡绿地生态网络构建作为研究对象，在资源保护与利用协调并重的矛盾需求下，旨在构建一个协调框架，并在城镇发展与城乡绿地生态网络之间建立紧密的联系及耦合效应。本书针对当前城乡绿地生态网络研究中过于局限于自然环境的刚性约束来控制城市生态空间，而对于城乡文化遗产空间、市民游憩空间与城乡发展空间联系紧密性认识和重视不足的研究现状，将土地资源、自然、文化、游憩资源的稀缺性作为最首要的管控条件，基于现状问题分析及资源特性评价，探索自然景观保护、文化遗产保护、游憩资源利用与城乡发展之间的时空关联，将绿地生态网络作为构筑城乡生态安全格局、实现城乡可持续发展的基本生态底线。城乡绿地生态网络的构建代表的是一种战略性的保护途径，更加强调保护与建设行动的汇合。

风景园林是我国构建和谐社会、实现生态文明的重要基础。风景园林学科研究以协调人与自然之间的关系为宗旨，承担着保护城乡自然生态系统、构建城乡生态安全格局、促进绿色低碳发展的重要职责[12]。风景园林学科发展的原动力是社会发展与需求。社会发展中所产生的重要问题，应当说会极大促进学科研究的拓展。而社会需求也会促使学科自身去主动适应一些需求的变化，对于风景园林学科而言，研究内容已不仅仅局限于传统园林营造，保护自然与再造生态友好型的人居环境也应当是学科研究的核心[12]。因此，从风景园林学的视角出发，针对目前的研究热点，对城乡绿地生态网络构建的理论依据、技术路径以及方法建设进行探讨，寻求一种与城市绿地系统规划等国家相关法定规划的整合途径，对城市绿地系统规划内容的进一步完善也具有重要意义。

2. 应用价值

扬州所处的长三角地区，人均资源指数水平很低，土地资源稀缺性与经济社会发展、人口增长之间的矛盾也十分突出。目前扬州城镇化水平为66.2%，中心城区建设用地已由2002年的68.11km²扩展到2011年的180.36km²，突破了上轮总规中预测的2010年95km²、2020年118km²的用地规模。但应当看到扬州目前土地资源利用效率不高，建设用地指标趋紧；经济发展水平总体不高，人均居全省中游，经济发展尚处于工业经济中期阶段；未来扬州土地资源约束与城市空间扩展之间的矛盾日趋明显。

扬州地处长江与京杭大运河交汇处，中心城区外围有良好的自然基底，中部淮河分多条水道汇流长江，西侧丘陵叠翠，东侧田园风光、河流密布，城区向南环绕北州地区生态绿核。总规确定的两条生态廊道，扬子津生态廊道的局部区域被侵占，淮河入江水道形成的南北生态廊道也被不同程度侵占，沿河绿化不连续。城市沿江一体化趋势较为明显，扬州开发区西拓，仪征市向东发展，两市融合趋势明显，区域生态廊道需要规划控制，进一步优化生态格局，避免城市无序蔓延。

另一方面，随着扬州经济社会快速发展，水质恶化、生态环境退化问题也较为严重，加之扬州地处南水北调东线源头，造船、化工、机械等产业的发展必然对区域环境产生巨大压力，更增加了区域的生态环境风险。

论文将城乡绿地生态网络作为扬州未来城市发展的生态基础设施，作为城乡一体化的物质载体，突出体现现代综合生态观，强调人与土地和谐共生，协调自然资源保护与城市空间优化与扩展，实现生态、环境、经济、社会在城市中的协调发展。城乡绿地生态网络的构建不仅仅要留出关键性的生态、文化和游憩空间，更重要是在构建过程中主动地考虑周围建成环境中雨水收集、生物迁移等各种因素，跳出传统的规划思维，协商各方主体的利益需求，采用现实性的问题解决方案来降低未来城镇化发展过程中相关设施的运行压力，缓解巨型城市系统的熵增效应，实现新型城镇化"以人为本"的发展理念[12]。

面对当前生态资源保护与城市发展的矛盾现象，绿地系统规划作为政府宏观管理和调控绿地建设的一种途径，随着城镇化建设的推进，从城市的附属物到重要组成部分，再到决定性因素，逐渐成为城乡可持续发展所依赖的重要自然系统，是维护城乡生态安全和健康的关键性空间格局的基本保障[12]。本书研究所需各类资源数据便于收集，虽然对规划方式和专业技术方法要求较高，但研究结果简练明了容易理解，可通过不同区域不同类型的城市适应性研究后在行业内推广，可为未来城乡层面的绿地系统规划提供一定的参考。

政府作为城乡绿地各类生态资源管理的决策者，技术手段与管理方式的融合问题等愈加受到关注。城乡绿地生态网络构建资源涉及多个方面（土地、环保、林业、文化、旅游、水利、规划等），如不统一管理，则难以系统化、完整化；相反，应用网络化的思维模式，将分散的资源聚集，发挥各自的优势长处，探讨耦合效应的可能性。本书研究范围和研究深度较为清晰，通过构建城乡绿地生态网络，能对现有绿地生态资源进行准确评估，可为政府提供一种适用性、有效性和普遍性的政策工具，正确引导城乡土地开发活动，促进城乡空间结构的进一步优化，增强城乡规划的科学性与权威性。

本书通过对扬州市自然景观、文化遗产景观、游憩资源等进行梳理分析，进而构建基于自然景观、文化遗产景观、游憩资源的城乡绿地生态网络，并与城市绿地系统规划进行整合，从而检验本书技术路线和研究方法的可操作性。同时，扬州的城乡绿地生态网络的构建经验对于长三角区域内的绿地生态网络构建更具有针对性的研究价值，对于新型城镇化下的其他全国城市良性发展也具有借鉴作用。

1.4 研究概念的界定

1.4.1 城乡绿地生态网络的概念

绿地生态网络与生态网络、绿道的概念类似，都与人类生态环境及环境发展密切相关。自然的脆弱性在一些最近的环境哲学研究成果中已获得了证明[13]。在城市发展的过程中，不合理的人类活动会改变自然环境和景观，最终结果就是自然生境的破碎化、动植物栖息地的被隔离。20世纪80年代，环境科学的一些新理论强调了两个转变的重要性，即从隔离到连接，从中心到外围。相应的关注热点也从先前的孤立自然斑块的保护转向了连接系统，这些系统能将不同的自然斑块，或者自然和人类环境连接到一起，如绿道、生态系统和生态网络等。

同时，人类改变土地利用形式和土地功能的能力在不断提高，因此，相应的规划方法的作用也日益凸显。景观生态学为规划思想提供了基础。生态学和景观之间的联系体现了景观生态学学科对生态网络发展的实用价值，也体现了生态与景观在绿地系统规划中的综合应用。同时，它们之间的关系也衍生了另一种联系，即生态景观和网络之间的联系。

景观生态学认为，在景观层面这个范畴，自然实质是一个动态系统，网络将景观中不同的生态系统互相连接，形成一种常见的结构，是能量、物质和物种在景观中流动或运动的重要途径，它会响应环境和土地利用状况，网络的连续性与安全性对网络内部景观过程和网络功能起到关键性作用[14]。生态网络是一种解决物种和栖息地保护问题的可行性措施，这些措施综合起来就是解决环境破碎化的最好方法，如核心区、廊道和缓冲区的构建等，能影响野生物种的栖息地质量以及扩散和迁移的潜力，而扩散和迁移对种群的生存，特别是对破碎化景观中种群的生存至关重要。生态网络的目的是：作为网络，维持生物和景观的多样性，同时有利于政府部门开展自然生态系统的保护工作[15]。

城乡绿地生态网络，在北美的相近词语是绿道网络（Greenway Network），即人们为了各种经营目的而规划、设计的土地网络，但无论如何都要符合可持续的土地利用方式。欧洲则较多使用生态网络（Ecological Network）一词，并且生态网络已经成为一种保护区域物种生物多样性的主要方式，以此来推动和保护地带性各类型物种的完整性，尽最大可能地减弱或降低自然系统的破碎化，进一步阻止相关物种遭受威胁[16]。然而，随着时间的推移，欧美之间在生态网络的概念含义上达成了共识，都将其看作是供物种群落（包括人类）生存和移动的基本结构。绿道和生态网络在概念和结构上虽为相似，但在方法和功能上却呈现出明显的差异，绿道促进了欧洲地区自然保护工作中生态廊道的发展。应该说，生态网络和绿道提供了一种新的景观生态学视角，研究的是整体框架，是一种在局部或区域范围内建立的较为完善的规划系统。

国内关于城乡绿地生态网络的概念研究，是在总结国外相关理论研究的基础之上形成的。刘滨谊认为城乡绿地生态网络处于斗争最为激烈的自然生态与城市建设的交错区域，是一种快速城镇化背景下的绿地生态策略。与纯自然的生态网络相比较，其服务于人类城市，因受社会、经济等驱动和干扰而呈现为非稳定状态[17]。张庆费认为绿地网络是除了建设密集区或用于集约农业、工业或其他人类高频度活动以外，自然的或植被稳定的以及依照自然规律而连接的空间，主要以植被带、河流和农地为主（包括人造自然景观），强调自然的过程和特点[18]。通过整合城乡各类绿地景观资源（自然保护区、风景林地、湿地公园、农田、大型综合性公园、社区公园、街头绿地等），并与绿道（依附于河流、道路的绿道）有机整合，使不同形状、不同规模、不同性质的绿地形成一个整齐、连通的绿地网络[1, 19]。

在本书中，笔者认为城乡绿地生态网络具有空间刚性约束与公共政策引导两大属性。从空间刚性约束属性看，城乡绿地生态网络是一种串联各类自然、文化、游憩景观资源，连接和协调城乡关系发展的带状区域，在多数情形下这个带状区域与周边自然、地形、地貌、文化特征和游憩资源类型有着密切的关系。带状区域的具体界限由周边区域的相关景观资源保护程度以及区域内城乡建设行动的用地需求所共同决定，其宽度也与城乡绿地生态网络的弹性控制、连接衔接成比例关系。从公共政策属性来说，城乡绿地生态网络是构筑完整城乡生态系统的重要保障，是城乡政治、经济、社会、文化体系的重要组成部分，它代表的是生态、文化、游憩三类网络向着城乡空间演进的一种战略发展模式和生态保护策略，更加强调自然保护与建设行动的汇合。

从城乡绿地生态网络的概念界定延伸解读，城乡绿地生态网络应当具有保护自然、文化、游憩等景观资源，控制与引导城乡发展，协调城乡关系和相应法规、经济手段相结合的特征，是一种将保护手段、发展方式与空间资源特征建立耦合效应的技术手段和公共政策，是当前我国城镇资源面临相对欠缺、人口压力加大、生态环境比较脆弱、城乡地域发展不平衡的背景下，对"以人为本、四化同步、优化布局、生态文明、文化传承"的特色新型城镇化总体目标的积极回应，也是风景园林学科在缓解资源环境强烈约束方面所提出的具体策略。

1.4.2 相似概念辨析

1. 绿道

绿道是实现城乡之间稳定联系，通过保护、防御、攻击、机遇四种策略而构建起来的绿色网络，是对自然的渴望、对健康的要求、对平等的追求的一种手段。埃亨提出的绿道概念是指为城市的开放空间提供路径，连接城市与乡村空间环境，强调空间连接度[20]。这一定义融合了绿道的不同功能以及在不同的环境背景（包括自然、文化、空间或政治）下建立的类型。

大部分相关文献认为绿道是从19世纪的城市设计，包括中心大道以及公园道演变而来的[1]。典型的案例包括1867年弗雷德里克·劳·奥姆斯特德领导设计完成的波士顿公园系统（Boston Park System），又称"绿宝石项链"[21]，20世纪90年代的纽约—新泽西—康涅狄格三州大都市区绿道网络和1999年由著名风景园林设计师朱利叶斯·法布士领导，马萨诸塞州大学和康涅狄格大学共同参与规划完成的新英格兰地区绿道网络规划等[22]。国内的绿道规划最先来源于2010年《珠江三角洲绿道网总体规划纲要》的编制，规划中首次提出绿道的构建要使生态、休闲游憩、经济发展等多种功能相互融合，形成绿地生态网络[23]。

从绿道的发展历史来看，其主要功能随着历史的发展而不断改变。列特佛里克和施恩思起初把绿道定义为承担休闲目的风景道功能的一种线性开放空间[1]；法布士在此基础上强调了绿道的游憩功能、生态环保功能和文化历史保护功能；乔格曼在同意法布士对绿道多功能性的定义基础上，特别指出了绿道是为人类服务的，具有连接城乡景观功能的游憩网络[24]。绿道的功能越来越趋于复合性，各功能之间相互依存、紧密关联。绿道既是生态网络、交通网络，又是社会网络甚至是经济网络。

绿道是自然保护与建设行动的汇合，是构建城乡绿地生态网络的连接框架。同时，绿道的多样性也是有效的沟通工具，能够强化绿地生态网络从城市的附属物转变为城市的生命线保障系统。绿道本身并不能解决城镇衰落、交通拥堵及不合理的用地开发等问题，但绿道作为一种线性开放空间，比传统的组合公园具有更长的边缘线，这一边缘线将各类城乡绿地连成一体，用于缓解相互矛盾的土地利用，绿道网络整合土地利用，而不是分离它们，并使得城乡之间的疏远关系变得更加紧密，绿道的一边连接着城市中心，另一边连接着乡村地区。

2. 绿色基础设施

"绿色基础设施（Green Infrastructure）"概念逐渐形成于20世纪后期，其核心理念是以人为本的规划概念，不仅是工程技术课题，而是必须考虑到环境、生态与人文的系统性整合。绿色基础设施的基本精神是由自然环境决定土地利用规划，强调自然环境提供的"生命支援（Life Support）"功能，引导已经长期发展的非传统规划模式，将社会经济的发展融入自然中，建立系统性功能结构。

从以往的文献回顾中发现，绿色基础设施的定义是逐渐演变而来的，根据韦伯斯特最初的定义，绿色基础设施是指"社区赖以持续发展的基层基础，特别是基本设备和设施"[25]。绿色基础设施源于综合性的保护系统：（1）考量居民利益将公园与绿色连接起来；（2）将自然区连接起来，以利生物多样性，避免生境分化。美国十分重视绿色基础设施建设，将绿色基础设施的永续发展作为社区永续发展的综合性战略之一。绿色基础设施具有成本效益，可以通过自然方法来解决城市和气候挑战的威胁，通过雨水管理、适应气候、减少热岛效应等，提供更多的生物多样性，更好的空气质量，可持续的能源生产，清洁水和健康的土壤，以及更多的人类休闲场所，如在城镇内外提供遮阳和庇荫等。绿色基础设施还可为城市空间提供一个生态框架，通过弹性的方法管理城市，提供更多社会效益[23]。

自然可以为社区提供重要的服务，保护他们免受淹水或过热，帮助改善空气、土壤和水质。大自然被人利用并被用作基础设施时，被称为"绿色基础设施"。绿色基础设施发生在各个尺度。它通常与雨水管理系统密切关联，这些系统是智能且具有成本效益的。然而，绿色基础设施实际上是一个更大的概念，与其他许多事情密切相关。在空间尺度上，绿色基础设施是由连续的网络中心（Hub）及连接廊道（Link of Corridor）所构成的绿色空间网络系统[26]，如图1-3所示，其中纳入各种生态系统和景观要素，如绿色走廊、湿地、自然公园、森林保护区、沼泽区、多孔透水性道路、本土植物植被区等[27]。网络中心和连接廊道的规模、功能和物种是多元且动态变化的。

绿色基础设施除包括生态化的工程基础设施外，也不同于传统开放空间规划途径，被认为是先见性而非反应性、系统性而非偶然性、整体而非零碎、多（开发）许可权而非单一（开发）许可权、多功能而非单一目标、多尺度而非单一尺度的。绿色基础设施的概念、理论与方法的研究无疑是一个崭新的领域。即便在欧洲和北美洲，此概念仍在其他思想发生频繁交流，不断出现与之关联的新思想、新概念。

绿色基础设施，采用对受保护的土地和其他开放空间网络进行鉴定、保护和长期管理的方法。这些做法超越了政治边界，跨越了多样的景观，并提出战略性的保护对策[25]。绿色基础设施包括丰富生态环境和生物多样性，维护天然地貌过程，净化空气和水，增加休闲机会，改善健康状况等。

传统的基础设施并不能应对全球变暖带来的洪水泛滥和干旱，所以我们需要一种现代化的方法来保护公众的健康、安全和生活质量。绿色基础设施解决方案满足了社区所需的安全性和灵活性。加拿大纳帕通过恢复纳帕河的自然通道和湿地来解决淹水问题，而不是用混凝

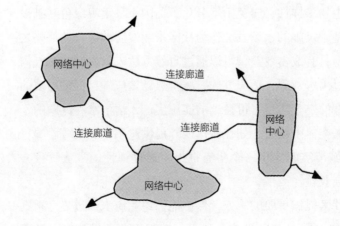

图1-3　绿色基础设施结构示意

土衬砌河流。这项工作每年保护了2700个家庭，每年减少了2600万美元的洪灾损失，并创造了新的公园和休憩用地。20世纪90年代，美国纽约市为新建一个水过滤处理厂，在卡茨基尔山（Catskill Mountain）花费大约15亿美元购置了一块湿地并加以保护，结果节省开支40～60亿美元。

绿色基础设施意味着从土地自身的特性出发，从它可为人类和自然提供的服务出发，以此来决定该土地的利用方式，以期获得最大的使用价值。绿色基础设施体现了为人类保护并连接公园及其他绿色空间（主要从游憩、健康、文化、审美与城市设计的角度）；体现了为生物多样性保护和防止栖息地破碎化（保护自然动植物、自然进程和自然生态系统）而连接自然区域。绿色基础设施的十条原则（表1-2）和网络设计方法都值得城乡绿地生态网络构建参考。

绿色基础设施方法以强调其功能的方式分析自然环境，并随后通过监管或规划政策建立保护关键自然区域的机制。如果发现生态支持功能缺乏，计划可能会建议如何通过景观或工程改进来实现这些功能。

在城市范围内，这可以应用于重新引进自然水道，使城市自主维系，特别是在水方面，例如在当地收获水，回收利用，重新利用，整合雨水管理进入日常基础设施。这种方法的多功能性是有效和可持续利用土地的关键，特别是在一个城市化比较高的国家，如英国，其土地压力

绿色基础设施的十条原则 表1-2

序号	原则
1	连通性是关键
2	分析大环境
3	绿色基础设施应该被置于美丽的风景和土地利用规划的理论和实践之中
4	绿色基础设施应能发挥作为保护和开发框架的功能
5	绿色基础设施应该在开发前被规划和保护
6	绿色基础设施是一项至关重要的公众投资，应该被放到首要位置
7	绿色基础设施能使自然和人类获益
8	绿色基础设施尊重土地所有者和其他投资人的需求和期望
9	绿色基础设施需要同社区内外的各种项目相协调
10	绿色基础设施要求长期的允诺

资料来源：贝内迪克特，麦克马洪. 绿色基础设施：连接景观与社区 [M].北京：中国建筑工业出版社，2010.

特别严重。一个城市边缘河流泛滥平原，可为洪水提供一个储存库，作为自然保护区，提供休闲的绿色空间，也可以有效地养殖（如通过放牧）。越来越多的证据表明，自然环境也对人类健康产生积极影响。

3. 绿色开放空间

城乡绿地生态网络与绿色开放空间有着比较密切的关系，城乡绿地生态网络的最初本源可以追溯到绿色开放空间的规划思想与相关实践，但两者的理论价值和实践应用有着一定的差异。绿色开放空间是城市环境建设的重要组成之一，是城市居民开展日常活动的重要场所，是体现城市生命活力的重要设施[28]。

自19世纪末期霍华德创建田园城市理论以来，各种特定形态的绿色开放空间体系在英国伦敦、德国柏林等城市开始实践，其目的是通过绿色开放空间的建立来限定城市的发展形态，保持城市良好发展。但从实践过程来看，绿色开放空间存有一定的缺陷。如设计缺少生态依据，开放空间的图纸表现过于随意，组成开放空间的各元素之间也缺乏必要的联系；绿色开放空间功能较单一，更多时候强调人们能在绿色空间中得到精神上的享受和放松，缺乏对生物多样性保护、文化遗产保护、市民游憩需要的规划整合。

实践表明，城镇化快速发展的今天，绿色开放空间只能被动地应对城市发展的压力，很难起到积极的保护作用，最后沦落为城市建设用地的扩张投机与寻租空间。由于上述原因，从20世纪90年代开始，在美国，绿地生态网络、绿道、绿色基础设施等规划理念开始逐步取代绿色开放空间。

1.5 研究体系的设计

1.5.1 研究内容

本书从新型城镇化下城乡生态环境的严峻性、城乡绿地建设的矛盾性、城乡绿地系统规划的挑战性出发，结合国内外城乡绿地生态网络构建的相关理论与实践研究，建立了基于自然景观保护、文化遗产保护、游憩资源利用等内容的城乡绿地生态网络构建体系，并运用资源适宜性分析、景观格局分析与评价、网络阻力与最小费用距离模型等方法对城市绿地生态网络构建进行分析评价。最后通过与扬州城市绿地系统规划进行整合研究，对成果进行验证。重点研究内容如下：

1. 基础研究

本书介绍了城乡绿地生态网络构建的研究缘起、时代背景、实践背景和理论背景，包括城乡绿地生态网络的范式演变、城乡绿地生态网络发展的时代特征、城乡绿地生态网络构建的主要现状，立足当前实际国情，回顾总结与城乡绿地生态网络构建密切相关的城市规划和城市绿地系统规划发展过程中及当前存在的问题，分析城乡绿地生态网络构建出现的合理性和研究的必要性；确定本书的主要研究内容；并对国内外城乡绿地生态网络构建理论与方法的研究现状和相关实践进行回顾总结。基础研究由本书的第1章和第2章完成。

2. 理论研究

理论是系统化了的理性认识，本书首先研究城乡绿地生态网络构建的本体，探讨城乡绿地生态网络构建的理论基础和构建原则。尝试建立由实证性过程和规范性过程相结合的城乡绿地生态网络构建体系。理论研究由本书的第3章完成。

3. 方法研究

本书面向规划对象，基于城乡绿地生态网络构建，对新型城镇化背景下的城市绿地系统规划方法进行探讨，采用遥感与地理信息系统技术等应用方法，对城乡绿地生态网络构建的关键技术进行研究。通过网络资源的适宜性分析，解决城乡绿地生态网络存在的环境问题；通过景观格局分析评价技术，解决城乡绿地生态网络形成的空间过程；通过网络阻力与最小耗费距离模型评价技术，解决城乡绿地生态网络形成的连接程度，实现覆盖关键环节的三大网络分析评价技术的集成。方法研究由本书第4章完成。

4. 实证研究

以作者参与完成导师主持的扬州城市绿地系统规划修编项目，来验证相关研究成果在实际中的运用。实证研究由本书第5章、第6章、第7章完成。

5. 主要结论与展望

本书第8章主要对研究结论进行系统总结，展开讨论，并提出研究展望。

1.5.2 研究方法

采用多学科综合研究方法，包括生态学、城乡规划学、城市经济学、计算机图形学、建筑学以及风景园林学等学科，进行系统研究。具体方法如下：

1. 实证性与规范性

一方面研究作为科学形态的城乡绿地生态网络的本来面目，另一方面，研究作为社会实践的城乡绿地生态网络构建的现实状态。实证性研究具体体现在通过典型城乡绿地生态网络构建案例的调查以及城乡绿地生态网络构建实践，发现问题，总结经验，解决问题，遵循实践—理论—再实践的认识过程。规范性研究具体表现在对社会经济发展状况、公众参与规划程度等理论与方法的研究。

2. 逻辑性与历史性

城乡绿地生态网络构建既有历史的渊源，也有现实的参照，只有分析城乡绿地生态网络构建的来龙去脉，才能把握城乡绿地生态网络构建的本质内容、所处的位置和作用。本书中总结归纳已有研究成果，从中寻求与研究内容关联、可借鉴部分。逻辑分析方法贯穿本书始终。归纳是从特殊到一般，演绎是从一般到特殊。分析是从整体到部分，综合是从部分到整体。通过对城乡绿地生态网络构建相关理论和实践研究的总结归纳，得到普遍性的理论和方法，然后将普遍性的理论和方法在实践中进行演绎，解决城乡绿地生态网络构建实际问题。通过分析的方法，将城市绿地系统规划与城乡绿地生态网络构建分成不同的组成部分进行深入认识，再通过综合的方法，将各个组成部分按其内在联系结合起来考察，以形成关于对象的整体认识。

3. 系统研究方法

城乡绿地生态网络构建是一项系统工程，需要把城乡区域当作一个整体来对待，准确处理整体与部分的辩证关系，把定性与定量、分析与综合结合起来，科学把握系统，完成整体优化的目标[29]。对于城乡绿地生态网络，重点分析其功能的多样性，不同功能的结构组成以及与城市的关系；对于城乡绿地生态网络构建，重点分析不同规划目标的实现途径，规划的构成以及与其他规划的关系等。

4. 定性分析和定量分析相补充

城乡绿地生态网络构建牵涉到人文、社会、环境生态、经济等多个方面，本书以定性研究为主，适当运用定量分析的方法，如使用Fragstats和ArcGis、参数化模型等来分析计算相关的空间数据。

1.5.3 技术路线

本书技术路线如图1-4所示。

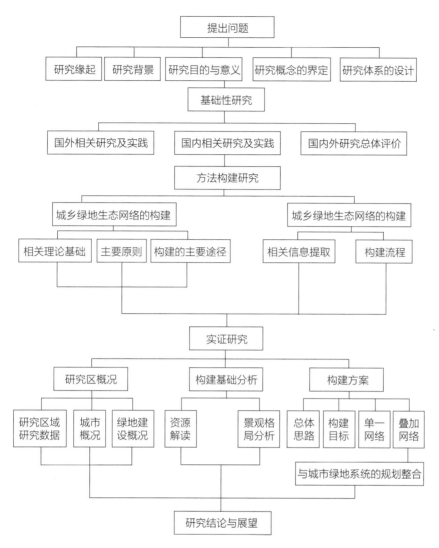

图1-4 本书技术路线

1.5.4 本书研究的主要创新之处

1. 崭新的分析视角

本书基于新型城镇化下土地资源供给受限与土地的需求却又大幅增加的矛盾现实，针对当前城乡绿地生态网络研究中过于局限于自然环境的刚性约束来控制城市生态空间，而对于城乡文化遗产空间、市民游憩空间与城乡发展空间联系紧密性认识和重视不足的研究现状，将土地资源、自然、文化、游憩资源的稀缺性作为最首要的管控条件，统筹城乡绿地生态网络构建的需求动力与供给约束因素，将绿地生态网络作为构筑城乡生态安全格局、实现城乡可持续发展的基本生态底线。本书研究无论是对于城乡绿地生态网络构建还是城市绿地系统规划，都具有提升性价值。

2. 创新的融合框架

为更好反映目前城镇化建设与生态、文化、游憩等景观资源保护相互矛盾的现实问题，从城乡未来发展的角度，试图通过资源的自身特性与绿地利用方式的本质关联这一基本准则，使城镇化建设与城乡绿地生态网络构建能够进行交叉融合，为城市绿地系统规划的关键技术及景观资源管控等提供理论与研究基础。

3. 适用的分析技术

城乡绿地生态网络构建的分析技术是基于当前我国新型城镇化的特色而建构的，研究充分考虑到因子获取的难易性。通过网络资源的适宜性分析，解决城乡绿地生态网络存在的环境问题；通过景观格局分析评价技术，解决城乡绿地生态网络形成的空间过程；通过网络阻力与最小耗费距离模型评价技术，解决城乡绿地生态网络形成的连接程度，实现覆盖关键环节的三大网络分析评价技术的集成。

1.6 本章小结

快速的城镇化改变了自然栖息地和物种种群的空间分布，生态用地被各类人工建设用地分割、蚕食，原有连续的自然生境受到破坏，物质循环受到影响，生态系统稳定性下降，生物多样性减少，抗外部干扰能力减弱。尽管近些年来各城市的森林覆盖率、城市绿地三大指标等均获得了突飞猛进的提高，但城市生态环境质量的整体改善尚不能与之成正比。传统的城市绿地系统规划思想与技术手段在城市屡次突破人口与用地规模和指标的现实面前也显得力不从心。

本章研究基于以上相关背景，在当前资源保护从传统被动适应向积极主动防御方式转变的新思潮下，提出基于城乡绿地生态网络构建的理论意义和应用价值。通过相关概念的界定和相似概念的解析，对本课题的研究内容、研究方法、技术路线进行阐述，最后提出本书研究的主要创新之处。

第2章

国内外相关研究与实践

2.1 国外相关研究与实践

2.1.1 国外相关研究

伴随着工业化革命的历程，城市的生态环境逐渐出现了一系列问题，而这期间自然保护运动推动了城乡绿地生态网络的发展。19世纪下半叶到20世纪初，自然景观开始成为城市规划的内容，城市主要的轴线变成了林荫大道，比如巴黎的香榭丽舍大道和塞纳河边的人行道。1860年，美国的奥姆斯特德提出了布鲁克林规划方案，1867年开始，他又规划了波士顿公园系统。在波士顿公园系统中，奥姆斯特德通过公园道将中心城区城市公园与偏远乡村连接起来。公园道常常被树林环绕，宽度在65～150m之间，兼有美学和游憩功能，是出入城市公园的必经之途，奥姆斯特德同时考虑到了公园系统对城市发展的引导。以"绿宝石项链"著称的波士顿公园系统规划具有城镇排水功能。在19世纪，排水也一直是绿地生态网络规划中一个非常重要的功能。

在同一时期的英国，埃比尼泽·霍华德进一步发展了绿带概念——即围绕旧城区修建一个8km长的公园带，以控制伦敦和英国其他城市化地区无计划的扩张，商业和工业地区只被允许在绿带以外发展，伦敦是应用这一方法最典型的案例（图2-1）。

以上两个方法的区别在于公园道用以连接，而绿带则多用于分隔。荷兰等国家在此方面的发展可与美国和英国相媲美。工业革命对城市和城市绿地的开发都产生了重要的影响：1870年，阿姆斯特丹建立的冯德尔公园是荷兰最早的城市公园之一。1901年的荷兰《住宅法案》允许市镇当局划定区域作为开放空间为公众所用。阿纳姆市是当时首个正式划定公园作为"公共绿色空间"的城市，其公园系统从城郊一直延伸到市中心。20世纪20年代，自然保护和城市发展结合起来，其中城市规划者主张发展公园道，这一时期，一些公园也建立起来，如鹿特丹和乌得勒支的一些公园。

二战以后，欧洲北部一些国家地区的自然保护区状况令人担忧，人们往往忽略了保护区之间的连接线路，破碎化越来越严重，给自然保护工作带来更多的压力。如何维持自然保护区系统的稳定性，显得尤为重要。而且随着景观流在景观生态学中的作用以及特种异质种群机能的改变，土地利用压力日渐增大。人们逐渐认识到，从长远来看，仅仅通过建立一个个孤立自然保护区难以维系物种的多样性，而此时通过景观连接把这些看起来孤立的自然保护区以绿地生态网络的形式串联起来就显得尤为重要。

在20世纪的最后几十年里，欧洲、美洲和澳大利亚的学者专家和科研机构推动了绿地生态网络的发展。在欧洲，绿地生态网络已经成为一种保护生物多样性的惯用方法，或者一种新型的政策，如自然2000、生境和物种指标、绿宝石网络、泛欧洲物种及景观多样性战略。这些指标与战略，属于科学研究或国家主动采取的行动，与国家为适应保护政策而被动制定的策略所不同的是，以上的研究和行动往往是建立在科学基础之上，并以发展生态网络为目的。目前，欧洲大部分的绿地生态网络都是国家和区域自然保护政策的一部分。

绿地生态网络的相关规划在欧洲已很成熟，而美国相关对应的词语则是绿道网络[30]。绿道是一个具有多种含义的词汇，包含了城市区域内受保护土地，强调的是空间连接度的概念。绿道资源包括河谷、河边、运河、

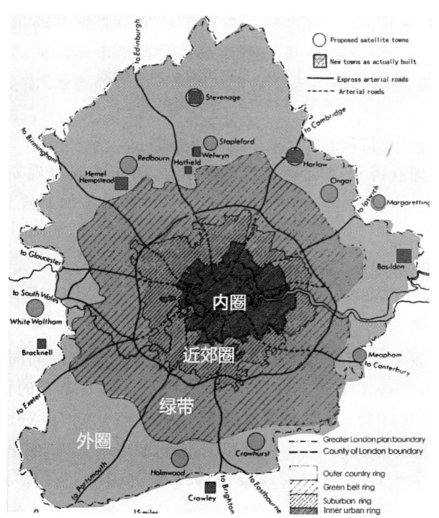

图2-1 伦敦开放空间规划

图片来源：吴志强，李德华.城市规划原理（第四版）[M].北京：中国建筑工业出版社，2010.

山脊、废弃铁路等。大部分的相关文献认为绿道起源于美国威斯康星大学景观系菲利普·刘易斯教授绘制的"威斯康星州遗产游径规划"，但有文献记载绿道理念起源于19世纪末20年代，奥姆斯特德的"线性公园道"即为最初的形态，后来他参与规划完成了一些城市绿地开敞空间相关案例建设。其中最具典范性的案例就是波士顿公园系统，克里夫兰、水牛城等也均采用了相同的规划理念。绿道着重保护城市区域或者人们居住和生活地区的"有效"景观。在强调土地空间利用率，以及必须以多用途去争取经济与政治支持的时代背景下，绿道的战略性质与它所处的环境相适应。20世纪的美国，环境、文化、政治和经济因素不断变化，以绿道为背景的北美绿地生态网络规划已经逐渐演变成为一种战略性的规划理念，实践目的多以游憩和风景观赏为主[31]。而欧洲规划实践更加注重如何在高度发达的土地上减少人为干扰和破坏，进行生态系统和自然环境保护，特别是在保护生物多样性、保护野生动物栖息地以及恢复河流生态环境方面。

近几年来，景观生态学开始关注生态系统相关作用导致的空间变化，通过对景观过程、景观结构及景观变化的理解，解决人与空间相关的用地及生态问题。荷兰的罗布·容曼和英国的格洛里亚·蓬杰蒂主编的《生态网络与绿道——概念·设计与实施》总结并回顾了这一新兴领域近年来的发展态势，通过介绍爱沙尼亚、米兰等相关城市绿地生态网络构建案例，基于生态网络与绿道关系的生物多样性保护及其与规划过程的关系，从生物、物理、文化、审美等角度解释了如何采取有效措施构建生态网络[13]。

随着城市与乡村的联系持续增加，景观的异质性下降，破碎度增加。荷兰的威姆·汀莫曼与罗伯特·斯内普采用栖息地景观生态分析与评价模型，通过城乡绿地生态网络构建，即在空间上连接相似的生境斑块，维持景观斑块中物种间的相互作用，来评估乡村地区绿地生态网络的可持续性。虽然该模型最初应用于农村地区，但后来荷兰的众多城市也开展了这一模型的应用与实践。在绿地生态网络构建中运用栖息地景观生态分析与评价模型的众多案例都被收入库克与范利尔的著作《景观规划与生态网络》一书中[32]。

2.1.2 国外相关实践案例

1. 美国波士顿公园系统及大公园体系

19世纪中叶至20世纪初，美国纽约、波士顿、费城等许多城市均导入公园绿地系统，并逐渐发展成为今日都市的骨干。其中波士顿作为美国马萨诸塞州首府，是新英格兰地区最大的港口城市。20世纪60年代，波士顿城市扩张速度加快，带来了环境恶化、绿地大面积减少、交通拥挤等一系列社会问题。波士顿公园系统将大量的公园和绿地有序统一在一起，构建了引导城市发展的结构，改变了波士顿的原有格局。

波士顿公园系统又被称为"绿宝石项链"或"翡翠项链"，其规划深受布法罗和芝加哥等公园系统的影响。整个波士顿公园系统的建设历时17年，从1878年一直持续到1895年。公园系统绵延16km，包括波士顿公地（Boston Common）、公共花园（Public Garden）、查尔斯河滨公园（Charlesbank Park）、联邦大道（Commonwealth Avenue）、后湾沼泽（Back Bay Fens）、牙买加公园（Jamaica Park）、浑河公园（Muddy River）、富兰克林公园（Franklin Park）和阿诺德植物园（Arnold Arboretum）9个部分[33]。其中，波士顿公地、公共花园和联邦大道都是利用波士顿原有的公共绿地；后湾沼泽、牙买加公园、浑河公园等几个公园则兼具了生态职能，主要解决波士顿后湾潮汐平原的洪水泛滥和污染等问题；而富兰克林公园和阿诺德植物园则是以游赏功能为主。系统性在波士顿公园系统中得到了很好的诠释：一系列公园道将各个部分串联起来，共同构建一个完整的公园系统[34]（图2-2）。

在波士顿公园系统中，奥姆斯特德还连接了城市中心和偏远郊区。由于这个项目大部分位于郊区和乡村地带，奥姆斯特德考虑到了公园系统对城市发展的引导。他将公园道一直延伸到城市中，作为城市的主干道，形成连接城市和乡村的纽带。波士顿的发展也是以公园道为依托，沿道路两侧形成新的社区和开放空间，从而引导城市的扩展和生长。在奥姆斯特德所确立的公园系统规划范式中，各个公园绿地都通过公园道有序连通、协调统一，从而形成一个完整的公园系统。公园系统还勾勒

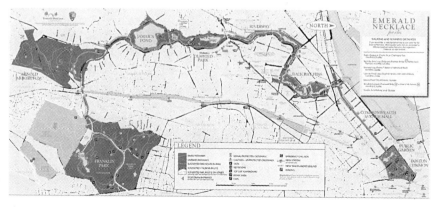

图2-2 波士顿规划公园系统

图片来源：http://friendsofthebprmountedunit.org/history/

出城市扩张的绿色骨架。新的城市开放空间建设将围绕公园系统所形成的绿色空间展开，公园道发展成为城市干道、人行道、步行街等；形成的绿色廊道连接了城市和即将发展的区域，构建一个引导城市发展的复合结构，城市则沿着公园系统形成的绿色脉络生长[35-36]。

波士顿公园系统的建立主要从两方面影响了城市形态。第一，城市公园作为城市中的"点"，在周边区域内起到景观核心的作用。通过公园系统的建设，带动城市的局部更新，改善这些区域原有混乱的道路系统，实现城市空间的重新整合。第二，公园道、滨水道、林荫道等作为城市中的"线"，在区域间起到引导、连通的作用。"绿宝石项链"上的线性公园，连通多个点状的公园，形成一个完整的公园系统，也在一定程度上增强了城市结构的整体性，并在公园道的基础上，将城市建设引向乡村区域[37]。

随着城市的进一步扩张，波士顿通过合并周边的城镇、乡村，逐渐扩大了城市发展规模，在19世纪80年代完成了波士顿都市体系的建设。1893年1月，公园委员会出版了委员会秘书西尔威斯特·巴克斯特和景观设计师查尔斯·艾略特提交的全面的波士顿地区公园规划（图2-3）。

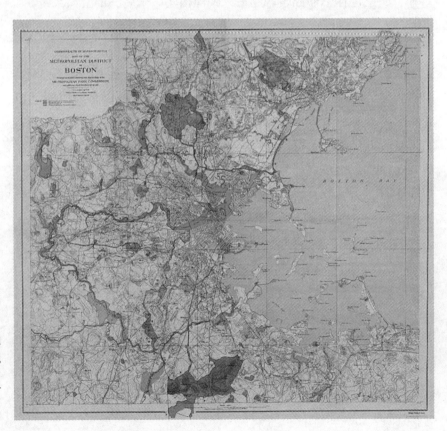

图2-3　1893年波士顿大都市公园体系规划图

图片来源：http://hcl.harvard.edu/libraries

该规划将波士顿都市区12个城市街区和周边24个乡镇以及期间广大的农村和沿海地区、森林等自然地区约630km²的土地放入到了城市公园系统的研究中去[38]。查尔斯很早就意识到自然景观与街道、铁路、有轨电车道等工程设施不同，它应该作为城市发展的保护框架，而且这些保留地一旦被保护，将能永久地为人类提供健康的城市环境[39]。规划保护了贝尔山（Bear Hill）和杜布莱山（Doublet Hill），并利用城郊的自然森林将北部的米德尔塞克斯山（Middlesex Hill）和南部的蓝山（Blue Hill）相连接，构成城市的山体骨架。保护沿海滨水带，三条主要的河流及其支流、湖泊、沼泽，作为城市的水体骨架。再加上城市中的点状和线性公园，共同构成城市的绿色网络。城市在此基础上的扩张变得更加有序，城市的功能布局也更加地合理。20世纪50年代，城市经历了新一轮的城市更新，大约20%的城市土地被重新规划，旧的工业用地被改造成滨水绿地，带动城市废弃地带的更新。大都市公园体系很好地起到了绿色网络的作用，形成了波士顿独特的城市特征。对于城市来说，波士顿大都市公园体系不只是一个公园系统，它是城市潜在的结构基础，一个可以应对未知扩张的稳定的区域框架[39]。

2. 美国马里兰州绿图计划

20世纪美国城市化迅速发展，城市面积不断扩大，城市空间一直以外延扩张的拓展方式向郊区甚至广阔的农村蔓延，带来生态环境的破碎化、生境的丧失、生态系统的功能下降等一系列问题。为避免城市生态环境的进一步恶化，在美国非营利性环保组织"公共土地信托基金"的主导下，以精明增长、可持续发展等理念为指导，运用"绿图"计划来指导未来的城市发展。

绿图计划是一种图示管理城市周边自然环境资源及优质耕地，保护城乡结合部绿色空间，引导城市空间合理拓展的方法与策略；在未来城市发展中通过永续保护有价值的绿色空间并构建区域内的绿地生态网络系统[40]。它通过提供一个构建的模式，"保护最重要且相互联系的洁净环境、丰富自然资源为基础的自然网络，确保当地乡土植物、野生动物长久生存，对产业发展具有重要作用"[40]。绿图计划的核心内容是立足现状绿色足迹的多源数据，包括森林、河流、湿地、耕地、荒野及文化遗址地等，展开有目的性的详细资源调查，通过构建地理信息系统（GIS）平台，从多学科角度快速辨析和优化具有较高资源保护价值的区域，从而建立具有持续性、完整性的保护体系战略和多层次的景观格局。该理论基于大量的自然区域、持续显著的自然廊道连接空间网络，可以最大限度地补偿因生态功能和破碎的退化所造成的栖息地丧失，强调所产生的生态效益是由人与自然共同拥有[41]。

绿图计划主要是识别并保护近期具有重要生态价值的土地资源，这些资源主要由支撑城市地区可持续发展的高价值生态和农业用地构成；它为当地政府、土地的拥有者、规划师、住民等利益相关者创建一个形象直观的自然资源价值图谱，其最终目标为保护区域乃至全国范围构建一个相互连接的绿地生态网络[42]。绿图计划的实施主要遵从三大步骤，首先是明确计划的保护愿景，通过编制项目区域的相关土地保护规划，反映城市精明增长目标，从而可以获得民众支持[40]；其次通过保障保护资金，获得执行目标计划的资金支持；最后通过获得和控制对土地的保护，构建绿图计划。绿图计划是建立在一套目标建设或优先支持措施之上的[40]。

立足于绿色基础设施规划的美国马里兰州绿图计划被公认为是近年来最好的绿图计划。马里兰州位于美国东部，被称为"美国的缩影"。从东到西，马里兰州的地形地貌可以从海岸、海滩、潮汐沼泽、河口、低洼农田变化到连绵起伏的丘陵、山脉、山谷和高原，跨越5个地形区。马里兰州同时又是南北方物种的分界线。马里兰州有着美国最悠久的土地保护历史和传统，但随着城市的快速发展和城市蔓延的加速，一些具有很高价值的生态资源逐渐被蚕食，濒危物种面临威胁，从而造成了马里兰州区域景观的碎片化、生态退化以及生物多样性的减少。为了解决一系列的环境问题，将有限的资金用在价值最高的土地保护上去，因此，马里兰州开始编制了绿图计划[40]。

马里兰州绿图计划的研究范围并不局限于城市规划的建设区范围，而趋向于以地理区域或景观区域为辅助界限。因此除整个州以外，还包括与州内土地相连的地块及相邻州的河流。在州的西部则采用行政边界，因为那里很多森林地块深入宾夕法尼亚州而非马里兰州。马里兰州绿图计划的目标包括：通过计算机绘图技术，识别有保护价值的自然景观资源；通过连通性廊道串联这些景观资源，构建区域绿色基础设施网络并促进其发挥生态服务功能；确保有限的资源流向最高优先级保护土地；以有限的资金来满足个体计划的需求。

马里兰州首先确立了生态特征显著、需要优先获取和保护的区域。主要包括重要的森林斑块及连通性廊道、具有敏感价值的动植物种群、一定面积未被开发的湿地、河流廊道与湖泊、海岸线、公共或私有组织的保护地、区域绿道等。再通过地理信息系统（GIS）的建模分析，利用地表覆盖、湿地、敏感物种、公路、河流、陆地和水域条件、洪泛区、土壤及发展压力等数据层，建立州域范围内的带有中心控制点和廊道的绿色基础设施网络模型。模型同时需要得到相关领域的科学家、规划师以及地方政府管理者的审查；后期还要结合政府提供的相关数据，如一些不以自然破坏为主的开发项目地块信息以及相关景观保护规划等。根据相关建议和其他有关文献资料，进一步完善模型，通过设定廊道参数和权重值（表2-1），最后形成马里兰州绿色基础设施网络，该网络包含马里兰州生态资源最为丰富的地方，而这些区域都是尚未被建设的土地（图2-4）。

为了合理评估网络要素在整个生态系统中的作用并制定相应的保护措施，需要在其所属地形分区内，评估其生态重要性和开发风险性的排序（表2-2）。评估和相关排序均同时在中心控制区与廊道、缓冲区和地图栅格单元两个层面上进行。图2-5～图2-8为两个层面的生态重要性与开发风险评价结果。

马里兰州绿色基础设施廊道参数和权重	表2-1
参数	权重
连接最重要生态中心控制区的廊道	2
中心控制区的生态重要性程度	4
被连接区域生态类型的多样性（陆地、水生、湿地）	2
片段区域（长度的间接量度）	1
廊道中节点的面积大小	2
廊道被中断的次数	4
廊道穿越主干路的次数	4
廊道穿越次干路的次数	2
廊道穿越县级路的次数	1
廊道穿越铁路的次数	1
廊道片段中缺口面积的比例	4
廊道片段中缺口面积的百分比	4
廊道两侧300英尺区域作为缓冲区的适合度	2

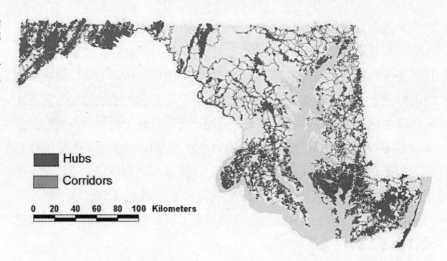

图2-4 马里兰州绿色基础设施网络组成图

图片来源: http://www.dnr.state.md.us/greenways

Hubs

Corridors

0 20 40 60 80 100 Kilometers

马里兰州绿色网络系统中心控制区和廊道建设风险的影响因子及影响因子对应权重　表2-2

参数	权重
当前保护能力（阻止保护地被开发的能力）	4
以自然价值为目的的中心控制区的百分比	2
发展压力均值，由马里兰州规划部计算	2
靠近商业、工业及公共机构的土地利用	1
到DC环形公路的平均距离	1
土地花费（在县的尺度）	1
到最近的州际公路、主要州道、次级州道或县道的平均距离	2

资料来源: 贝内迪克特，麦克马洪.绿色基础设施: 连接景观与社区 [M].北京: 中国建筑工业出版社, 2010.

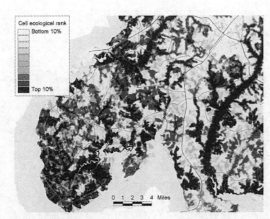

图2-5　网络栅格单元生态评价

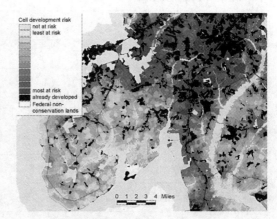

图2-6　网络栅格单元开发排序

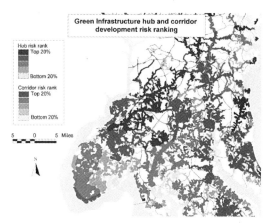
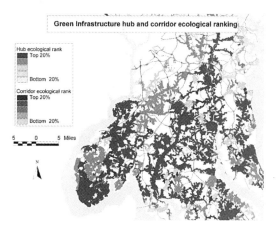

图2-7　网络枢纽和廊道开发风险排序

图2-8　网络枢纽和廊道生态重要性排序

图片来源: http://www.dnr.state.md.us/greenways

　　马里兰州绿图计划所采用的绿色基础设施途径被认为是先见性而非反应性、系统性而非偶然性、整体而零碎、多(开发)许可权而非单一(开发)许可权、多功能而非单一目标、多尺度而非单一尺度的[40]。另外,马里兰州绿图计划不是一张限制城市发展仅仅保护生态用地的规划图,它在保护土地、提供娱乐和农业保护生态服务之间提供了一个平衡,确保每个区域能更好地发展,帮助净化空气,延续水的自然服务。其规划的目标主要是通过对现有自然、文化、游憩等资源的有效整合,通过绿色基础设施网络的营建,协调资源保护与城市发展的关系。绿图计划为城市未来的发展留出足够余地,有助于显现城市外围绿色环境资源复合效能,并提供一种积极保护措施。马里兰州的绿图计划对处于网络之内的有价值的生态核心区和廊道、对保护生物所依赖的自然生态系统起着重要的作用。同时,通过地理信息系统所建立的数据库还可证明相关保护区域可以从生态恢复中获利,即用很少的生态恢复的投入可以带来巨大的生态效益。

3. 美国佛罗里达绿道和州域生态网络

　　佛罗里达州是美国本土最南部的一个州,周边与大西洋、墨西哥湾、亚拉巴马州和佐治亚州相邻。在过去的50年里,伴随着城市化速度的加快,佛罗里达州已经失去超过430万hm²的自然群落,其中一半以上为湿地和自然群落。而乡村用地也以每年5万hm²的速度加快消失。大量的物种遭到威胁,一些对自然群落破碎化敏感的物种都处于严重的濒危状态。在美国联邦政府公布的各州遭受威胁濒临灭绝的物种名录中,佛罗里达州濒危物种的数量高居第三位[43]。

从20世纪80年代起，绿色基础设施运动的倡导者、佛罗里达大学教授拉里·哈里斯，就人口的快速增长和栖息地破碎化、岛屿化对野生生物种群的影响，提出景观连接度和保护系统的整齐设计原则，并强调为保护物种提供野生动物廊道的重要性。

佛罗里达州绿道和州域生态网络计划始于1991年，由几个公益组织联合相关居民发起。1994年，政府成立了一个40人组织的绿道委员会，负责制订州域绿色空间与绿道网络系统的相关规划。委员会建议建立由两个网络组成的绿道系统：一个是生态网络，由沿河和海岸线以及穿越湿地的生态中心控制点、连接廊道和小块场地组成；另一个是连接公园及公园与城市区域、生产性土地，以及文化、历史区域的休闲/文化网络。佛罗里达州生态网络的设计目标是保护自然生态系统和景观中的关键要素，保存和维系自然生态系统和过程之间的连续性，提升生态系统和景观作为动力系统的功能，维持生态系统要素的进化潜力以适应未来环境的变化[44]。

佛罗里达大学负责研发构建全州生态绿道模型。生态绿道模型的构建分为四个步骤：第一步，规划人员使用地理信息系统工具，对自然及人文景观要素进行评价分级，确定具有生态价值的地区，包括生物栖息地保护区、优先自然群落区、重要水域等。研究者将所有数据分级排序，将所有具有重要生态价值的地区定义为优先生态区。优先生态区代表了保护区连接网络的主要结构单元；第二步，选择网络中心，确定有潜力的核心区域以维系生物多样性和生态进程；第三步，从国家湿地总录分类系统出发，进一步将本地景观分为三种类型：沿海型、沿河岸及大型湿地型流域、山地型，这些景观类型将网络中心大致划分成三个景观级别。在已划分的三种景观类型的网络中心之间建立五种廊道模式：沿海型之间、沿河岸型之间、山地之间、沿河岸型及沿海型之间，以及跨流域枢纽区之间。根据五种廊道模式可以构建五个不同的适宜性层面。在每一个适宜性操作层面中，任一单元的赋值，都与其廊道模式的相对适宜性成反比（表2-3、表2-4）。这一功能同时也能判定出那些不具有廊道潜力的非适宜单元。最小距离指数则能为每种廊道模式中选定的网络中心两两之间的连通寻求最佳路径（图2-9～图2-12）；第四步，将网络中心和廊道体系结合起来，创建佛罗里达州生态网络（图2-13）[13]。

佛罗里达的生态网络最初的设计包括全州57%的陆地和开放区域，共2280万英亩。在整个网络系统中，53%的生态网络由地表淡

佛罗里达州生态网络的河岸适宜性权重　　　　　　　　表2-3

参数	权重
高度适宜性区域的标准	
与划分为PEA类别的佛罗里达主要河流关联的开放区域	1
划分为PEA类别的淡水湿地生态系统	1
与划分为SEA类别的佛罗里达主要河流关联的开放区域	2
划分为SEA类别的淡水湿地生态系统	2
中等适宜性区域的标准	
与佛罗里达主要河流关联的开放区域，这些主要河流不属于PEA或SEA类别	3
不属于PEA或SEA类别的淡水湿地生态系统	3
道路密度大或存在负面边缘影响的开放水域和开放区域	4
道路密度大或存在负面边缘影响的区域，并且符合沿河开放水域或淡水湿地的连线类型标准	4
不适宜性区域的标准	
密集的农业用地和城市用地	无
其他类型的单元区域	无

注：PEA–Priority Ecological Area，优先生态区；SEA–Significant Ecological Areas，重点生态区。
资料来源：容曼，蓬杰蒂. 生态网络与绿道——概念·设计与实施 [M]. 北京：中国建筑工业出版社，2011.

佛罗里达州生态网络的中心区连接适宜性权重　　　　　　　表2-4

参数	权重
与沿海/内陆重要水生环境相邻，且满足除面积大于2000hm^{2}以外所有中心区标准的PEA	1
面积满足2000hm^{2}要求的其余PEA	2
与沿海/内陆重要水生环境相邻的SEA	2
与沿海/内陆重要水生环境相邻的原生物栖息地	3
所有其余的SEA	3
所有其余的本地生物栖息地	3
与沿海/内陆重要水生环境相邻且集约化程度低的土地利用或土地覆盖	4
所有其余的集约化程度低的土地利用或土地覆盖	5
受负面边缘效应影响的地区或者公路密度高的本地生物栖息地地区	600
集约化利用程度低的土地，并受负面边缘效应影响的地区或者公路密度高的地区	700
与沿海/内陆重要水生环境相邻的改良牧场	7000
与沿海/内陆重要水生环境相邻的耕地	8000
其余所有与沿海/内陆重要水生环境相邻的集约化利用程度适中的土地	9000
改良牧场	70000
耕地	80000
其余集约化利用程度适中的土地	90000
开放水域	100000
城市用地	无
其他类型的单元区域	无

注：PEA–Priority Ecological Area，优先生态区；SEA–Significant Ecological Areas，重点生态区。
资料来源：容曼，蓬杰蒂. 生态网络与绿道——概念·设计与实施 [M]. 北京：中国建筑工业出版社，2011.

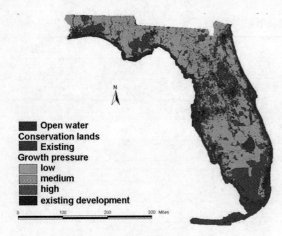

图2-9　州域范围关键联系区域增长压力模型

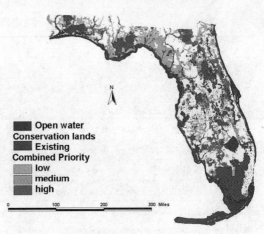

图2-10　生态绿道网络的整合优化

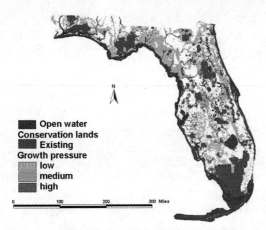

图2-11　佛罗里达州绿道网络增长压力模型

图2-12　生态绿道网络所有联系区域名称
图片来源：http://www.dep.state.fl.us/

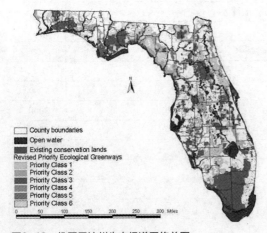

图2-13　佛罗里达州生态绿道网络总图
图片来源：http://www.dep.state.fl.us/

水、海水、公共保护土地和私人保护土地组成（其中五个最大网络中心控制区为：国家公园、野生动物保护区、国家和州级森林、美国空军基地），其中公共保护土地约占10%。其他私人土地约占生态网络的37%，其中，大约三分之一均为湿地或可容纳百年一遇洪水的漫滩。佛罗里达生态网络实现了现有保护区与具有高生态价值而未受到保护的区域之间的连接和合并。将这些（连接和合并的）信息与其他确定保护优先性的信息相整合，能够得到一个更具综合性的景观保护战略[45]。

佛罗里达州绿道和州域生态网络项目提升了土地保护和土地获得开发建设的有效性，但它并不是将土地获得对策作为重点，而是以确认土地优先保护次序为重心。虽然佛罗里达生态网络是佛罗里达州自然保护区战略向前迈进的重要一步，但仍有一些问题需要解决，如潜在的土地成本和政治文化环境、保护廊道和保护高质量生物栖息地核心区域所带来的选线争议以及部门之间的协调问题等。如果没有一个综合的方案，佛罗里达州自然遗产、生物多样性、自然资源、生态完整性和生态服务的未来或许也难以预测。

2.2 国内相关研究及实践

2.2.1 国内相关研究

近年来，国内有关城乡绿地生态网络构建的研究探索越来越多，但多数都是在对国外相关理论成果的基础上所进行的经验总结。早在1998年，全国绿化委员会办公室、原国家林业部、交通部、铁道部就联合发文《关于在全范围内大力开展绿色通道工程建设的通知》，绿色通道建设的目的是通过对铁路、公路、河道的沿线绿化，改善沿线环境；通过绿色通道的纽带作用，增进城乡绿化美化全面向纵深发展。但这些依附于公路、铁路、河流的线形绿带建设也仅限于小尺度、小范围，纯粹以绿化为主，与绿地生态网络的整体性有着不小的差距[46]。其后彭镇华等人提出"要根据不同地域自然地理条件和经济社会状况，按照物质流、能量流、信息流相互联系与运行的规律，以林木为主体，乔、灌、草立体开发，点、线、面协调配套"，建立"集约式动态发展的复合森林生态网络系统"[47]。

之后，森林生态网络相关研究开始逐渐增多，林丽清以武汉市为例，基于功能需求的分析，确定城市森林游憩服务、水环境保护、生物多样性保护等多目标的城市森林生态网络规划方案[48]。方文、何平从山地型城市森林生态系统评价与建设主要指标体系、山地型城市森林景观生态规划设计、重庆城市森林景观型乡土树种资源与配置模式、重庆城市森林廊道生态恢复与景观建设技术、重庆城周生态屏障林相改造与景观建设技术等方面，对山地型城市森林生态网络构建与景观建设有关问题进行了研究[49]。

森林生态网络的构建目的和意义与绿地生态网络具有一定的相似性，但两者之间有一定的区别，森林生态网络是城市市区绿地系统与城郊森林植被的有机统一体，但构建重点主要放在城郊地带，因此，森林生态网络只能说是绿地生态网络的重要组成部分或重要分支。

2008年由住房和城乡建设部启动的"十一五"国家科技支撑计划"城镇绿地生态构建和管控关键技术研究与示范"重点项目的第二子课题"城镇绿地空间结构与生态功能优化关键技术研究"，将研究内容定为"城镇绿地与城镇发展的生态耦合关键技术研究"、"绿地空间扩展模型与动态模拟技术研究"、"基于生态网络构建的绿地生态功能优化关键技术研究"三大部分，笔者也参与了其中的部分研究工作。应当说项目的研究成果进一步指导和推动了我国各城市以生态功能为导向的城乡绿地生态网络的构建。

近年来，我国部分城市和地区对绿地生态网络进行了规划实践与理论结合的研究。刘滨谊、王鹏阐述了多尺度、多功能、综合性的绿地生态网络规划概念及其发展演进，分析总结了国内外绿地生态网络规划实践，提出结合我国国情的绿地生态网络规划研究实践应着重考虑的前沿性问题[50]。卜晓丹以深圳市为例，运用GIA作为技术方法体系，通过地理信息系统平台，实现多源数据的有效整合与空间分析，生成可查询、可量化的绿地生态网络数据信息，并提出具有实际应用价值的网络构建策略，探索提高有限生态资源的保护效率的有力途径[51]。原煜涵以哈尔滨主城区为研究对象，运用景观生态学指数以及网络分析对哈尔滨市进行了系统的生态网络评价并试图提出相应的解决策略[52]。陈春娣等采用最小费用模型和图论分析相结合的方法，探讨功能性连接的辨识和优先恢复途径，并以新西兰基督城为案例，利用景观发展强度指数建立阻力面，构建绿地生态网络[53]。陈剑阳以环太湖地区为例，基于RS和GIS软件平台，采用最短路径分析方法模拟研究区潜在的生态廊道；然后叠加景观、游憩图谱网络，进行无标度网络的构建和检测，构建空间效能好的环太湖复合型生态网络图谱，并据此有针对性地提出复合型生态网络结构和框架优化的建议[54]。孙逊通过对绿地生态网络概念与规划建设技术的研究，着重从自然景观保护与恢复的角度阐述了绿地生态网络构建规划的基本规划流程、规划要点，归纳总结了网络构建中水域、湿地、森林（林地）、山地、农田、棕地六类景观类型的常见问题，并提出与之对应的保护与恢复措施[55]。张林、田波等在GIS技术支持下，采用多层次权重、最小费用路径法和重力模型对浦东新区生态网络结构进行了定量分析与评价[56]。刘滨谊、吴敏从生态视角解析绿道由本体、边缘区、影响辐射区三个要素构成，提出绿道在生态网络构建过程中体现出的统领性、生态性、系统性三大特性，并分别从其与城乡的空间形态演进、系统耦合关系及价值驱动机制三个方面分析绿道及绿网对于城乡发展的意义与价值，为探知、建构合理高效的城乡绿地生态空间提供了新的视角[57]。傅强、宋军等针对当前非建设用地存在的问题及其产生的危害，研究提出基于生态网络对非建设用地进行评价，以缓解非建设用地保护与城市建设用地发展的矛盾，并以青岛市为例，提出了生态网络构建流程，基于该流程构建生态网络并划定网络等级[58]。张浪从规划理念的突破、规划层面的调整、规划控制要素以及规划控制线落地方式的突破四个方面，分析了上海市基本生态网络规划的特点[59]。谢慧玮、周年兴等在ArcGIS9.3的技术支持下，通过合理估算阻力阈值，采用最小耗费距离模型分析方法，构建江苏省省域范围内的自然遗产地生态网络保护体系，并在网络连通性指数分析的基础上对生态网络的连通性和有效性进行评价，针对性地提出自然遗产地生态网络的优化措施[60]。

综上所述，我国城乡绿地生态网络构建从最初的绿色通道原始模式，经过城市森林生态网络、城市绿色开放空间、绿色基础设施等一系列概念相伴，在理论上更多伴随着国外的理论与实践及相关其他学科的借鉴而发展，如景观生态学、地理信息系统等，这其中3S技术手段和多种分析方法相结合，对城乡绿地生态网络构建起到很大的帮助，也取得了较大的进步和发展。但是也应当看到与真正意义上的城乡绿地生态网络构建还有很长的一段距离，如现有的绿地生态网络实践研究对城乡未来发展空间扩展功能缺少关注，城乡绿地生态网络不仅仅要留出关键性的绿地空间，更要在构建过程中系统分析区域内自然生态系统结构与功能状况、时空变化特征及受自然与人为因素威胁状况，进一步梳理绿地布局区域与周边环境、城镇用地发展的联系特征，跳出传统的构建思维，协商各方主体的利益需求，采用现实性的问题解决方案来降低未来城镇化发展过程中相关设施的运行压力。未来必须从空间、土地发展、资源保护耦合的联动思路着手，并与城乡绿地系统规划等进行整合，否则与城市建成区依旧貌合神离。其整合的过程应当是一种肯定性的建构行为，通过连通性的生态绿地主动减少城市运行对"灰色基础设施"的依赖。

2.2.2 国内相关实践案例

1. 上海市基本生态网络规划

上海位于我国东部弧形海岸线的正中间，地处长三角洲最东部。隔海与日本相望，周边濒临江苏、浙江两省，是我国人口最多的城市之一。全市面积6340.5km^2，南北最长处约120km，东西最宽处约100km。其中市区面积为2648.6km^2。全境为冲积平原，仅西南部有部分火山岩丘。海拔平均高度在4m左右，地势平坦，略呈东高西低，山脉少而低小。属亚热带季风气候，温和湿润。

上海被定位为现代化国际大都市和国际经济、金融、贸易和航运中心。30年前，上海的绿地系统结构布局还是点、线式的"见缝插绿"；30年后，上海凭借"规划建绿"，截至2013年底，全市绿化覆盖率和森林覆盖率分别达到38.22%和12.58%，人均公共绿地面积达到13.5km^2，全市拥有公园156座，基本形成了"环、楔、廊、园、林"的绿地格局，强化了市域绿地、耕地、林地、湿地的有机交融和联系。然而随着社会经济的快速发展，上海生态用地降幅明显，出现景观破碎化、生境孤立化和块体小型化的现象。既有的生态网络也逐渐暴露出生态连通性不够、整体效益较差、生态用地分布不均衡等问题。

城市绿地系统是现代化国际大都市的基础设施，也是城市经济和社会发展的重要基础，更是一个城市文明的重要窗口。上海市绿地系统规划经历了三次演变，绿地布局模式虽然已经形成"环、楔、廊、园、林"的市域绿化大循环，但是随着城市化的发展，城市绿地的布局已经满足不了城市的发展，即使是与国内外绿化先进城市相比，在城市绿化规划的定位、规模以及布局、建设水平等方面仍存在不小差距，仍与国际大都市的地位不相称；另一方面，现有绿地还存在点状类型绿地连接度不够、连通性不强、绿地建设与城市空间结构之间不协调、绿地网络体系不健全等问题[61]。

上海土地资源非常紧张，可建设范围5000多平方公里，但常住人口超过2300万，为促进资源紧约束条件下城市发展转型，探索土地资源的集约利用，加快经济发展方式转变，充分发挥现有生态资源的规模化效应，维护城市生态安全，使自然资源和生态环境实现更好的平衡，实现城市的可持续发展，2010年上海开始编制基本生态网络规划，规划基于上海"多规合一"背景下土地利用规划与城市总体规划编制统一完成的"同一张图"，以生态学理论为指导，广泛吸收国内外相关优秀理论，如碳氧平衡、农林复合生态系统、城乡一体理论等，结合地理信息系统技术对上海市生态景观格局定量分析，规划区范围进行生态敏感性、生态系统价值评价分析，通过控制各项指标确定生态用地面积。这是国内首个以绿地生态网络为主要规划内容的生态网络规划。

上海市基本生态网络规划在市域空间结构上落实全市土地利用总体规划确定的市域"环、廊、区、源"的城乡生态空间体系，维护生态安全。加快形成中心城以"环、楔、廊、园"为主体，中心城周边地区以市域绿环、生态间隔带为锚固，市域范围以生态廊道、生态保育区为基底的"环形放射状"的生态网络空间体系（图2-14、图2-15）。

具体来说，全市通过基础生态空间、郊野生态空间、中心城周边地区生态空间系统、集中城市化地区绿化空间系统四个层面的空间管控，维护生态底线。

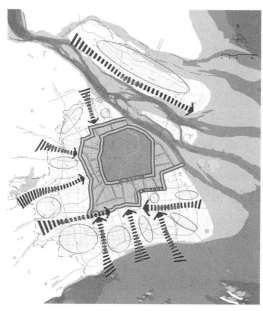

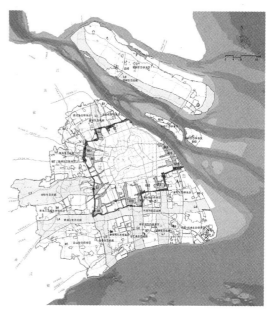

图2-14　上海市基本生态网络结构布局图
图片来源：上海市城市规划设计研究院，《上海市基本生态网络规划》。

图2-15　上海市基本生态网络规划结构示意图

（1）基础生态空间

主要指长江口岛群、淀山湖水源地、杭州湾海湾休闲地带和东海海域湿地及与之相依存的自然保护区，形成基础性生态源地和生态战略保障空间，为维护水资源平衡、保护生物多样性、降低自然灾害风险等提供缓冲空间。

（2）郊野生态空间

包括市域10片生态保育区和9条生态走廊。生态保育区以大面积的基本农田集中区为主，是全市基底性生态空间。主要分布在黄浦江上游—青西、崇明三岛及黄浦江—大治河以南地区，以基本农田控制线实施管控。生态走廊通过放射状、通畅性廊道，隔离城市组团，实现与中心城生态空间的互连互通。包括嘉宝、嘉青、青松、黄浦江、金奉、金汇港、浦奉、大治河、崇明等9条市域生态走廊。生态走廊内，积极支持并鼓励城乡建设用地增减挂钩和零星建设地的整理复垦。结合基本农田保护可建设较大片林，局部地区可布置郊野公园。

（3）中心城周边地区生态空间系统

包括市域"双环"和中心城周边地区生态间隔带。是锚固市域空间结构，与外围自然生态空间互联互通的结构性生态用地。市域"双环"指中心城外环绿带、近郊绿环，其中近郊绿环依托A30—A5—A15形成。以建设环城林带为主，通过强化土地用途管制，限制城市蔓延，保障城市生态空间。生态间隔带是沟通联系中心城与外围绿化空间、限制主城区连绵发展的纵向间隔性绿带，规划控制16条间隔带。通过加大整理复垦力度，实施政策激励，保障城市开敞空间，建立中心城与郊区的生态通道。

（4）集中城市化地区绿化空间系统

包括中心城和郊区新城、新市镇等集中城市化地区绿化空间系统。中心城绿化空间系统，以"环、楔、廊、园"为基本格局，与市域生态空间相互贯通、有序衔接。规划通过中心城单元规划和控制性详细规划的全覆盖，实现各类绿地的落地实施。进一步加强黄浦江两岸重点地区绿化公共空间建设力度，提升城市品质。新城、新市镇绿化空间系统，以构筑生态优良、环境优美的宜居城市为目标，通过生态景观风貌规划引导，体现水、绿交织，展现江南水乡风貌，提高新城生态环境整体水平，塑造新城宜居、休闲绿化空间系统。通过总体规划、单元规划和控制性详细规划逐级落地，实现各类绿地的落地实施。

通过生态功能区块的具体划示，加强全市总体层面的生态空间控制引导。按照中心城绿地、市域绿环、生态间隔带、生态走廊、生态保育区五类生态空间，以规划主要干道、河流为边界，结合行政区划，划出生态功能区块。共划定17段市域绿环、16条生态间隔带和9条生态走廊[62]。

上海市基本生态网络规划的编制覆盖上海陆域范围（面积约6787km²），兼顾沿海湿地系统。现状数据与全市土地利用总体规划数据底版相统一。从广义生态空间角度出发，对全市范围内各类生态资源进行全口径统计分析。将绿地、林地、园地、耕地、滩涂和水域等用地，通盘纳入生态空间规划体系，积极实现资源与环境相融合、保护和利用相统一。注重对生态资源的总量、布局、结构和功能等四个关键性要素的整体把握。按照生态空间网络化、功能复合化、管理层次化的要求，建立相互连通、多尺度的生态空间网络。后期通过加强后续生态空间规划实施与维护管理研究，划示生态功能区划，制定生态空间的管制要求，提出实施政策措施。具体总结为：在"统一数据底版、统一技术口径"的基础上，把握"四个关键性要素"，兼顾科学性和操作性，实现"一个基本生态网络"[63]。

2. 珠江三角洲绿道网规划

改革开放以来，珠三角地区经济社会跨越发展，成为我国城镇化水平最高、最具发展活力的地区之一。但伴随着快速城镇化却带来了生态环境的恶化、无序扩张的城市蔓延以及生态的保护、生物多样性的丧失等一系列问题，这些严重制约了珠三角地区经济社会的可持续发展。因此处于后工业时代的珠三角急需调整产业结构，改善人居环境，提升软实力，强化对生态环境保护的关注与法制化管理。在此背景下，广东省通过一系列探索与尝试，试图解决经济的快速增长对生态环境带来的一系列影响。1995年《珠三角经济区城市群规划》提出划定"生态敏感区"，将未来城市发展关注点拓展到非建设用地；2003年《广东省区域绿地规划指引》对区域内具有重大自然、人文价值和区域性影响的绿色开敞空间绿地实行长久性严格保护和限制开发；2006年《广东省珠江三角洲城镇群协调发展规划实施条例》，把"区域绿地"作为"一级管制区"写进法规里[64]。但这些看起来具有强制约束力的规章制度实际仍难以改变生态资源被不断蚕食的局面。2009年广东省开始通过学习发达国家先进经验，提出"以区域绿地保护为平台，以基本生态控制线划定为突破，以绿道网建设为抓手"的管制新思路，从区域空间管制到区域绿地保护与利用方面进行有益探索。绿道网的建设与广东城镇化的建设相得益彰，对广东的人居环境建设也起到了很好的推动效应。

规划以推进珠三角生态文明建设，由"关注可建设到关注不可建设"转变，为子孙后代预留生态空间；坚持以人为本，创新发展模式；通过提高区域自然生态环境质量，保护中求发展，打造碧水、蓝天、绿地的"宜居城乡"生活为基本思路。针对区域绿地生态系统中超越地方范畴的行政区交界地带生态空间保护薄弱、结构性生态廊道易受侵蚀，且未有明确管理部门导致保护不力这一最为突出的问题，区域绿道建设依据珠三角地区生态结构特征进行规划布局。在生态格局建设上，强化"两环"，捍卫珠三角生态平衡；打通"两带"，保持内外绿色空间的延续；保护"三核"，改善密集城镇区的生态环境；构建"网状廊道"，控制城市蔓延，营造游憩空间[64]。

珠三角区域绿道网规划全长约为1690km，由6条主线连接广佛肇、深莞惠、珠中江三大都市区，4条连接线有效衔接区域绿道主线，22条支线串联主要发展节点，形成18处区域绿道跨市的城际交界面，围绕绿道形成4410km²绿化缓冲区，共同组成珠三角绿道网总体布局（图2-16）。

绿道可分为三大类型（生态型绿道、郊野型绿道、都市型绿道）、三个级别（区域绿道、城市绿道、社区绿道），详见表2-5，由五大系统（绿廊系统、慢行系统、交通衔接系统、服务设施系统、标识系统）构成，涵盖十六个基本要素。

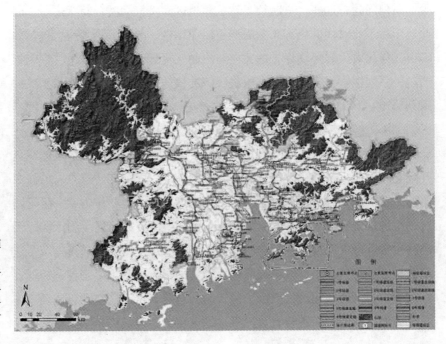

图2-16　珠三角绿道网布局图

图片来源：广东省住房和城乡建设厅，《珠江三角洲绿道网总体规划纲要》。

珠三角区域绿道网规划类型 表2-5

绿道类型	建设内容	主要功能	控制要求
生态型绿道	沿城镇外围的自然河流、小溪、海岸及山脊线设立	科普教育活动、生态养生活动、户外运动、野外探险活动	宽度一般不小于200m
郊野型绿道	依托城镇建成区周边的开敞绿地、水体、海岸和田野设立	农业体验活动、体育赛事活动、节庆民俗活动、乡村美食活动	宽度一般不小于100m
都市型绿道	集中在城镇建成区，依托人文景区、公园广场和城镇道路两侧的绿地设立	餐饮购物活动、文化展示活动、休闲观光活动、康体健身活动	宽度一般不小于20m

资料来源：广东省住房和城乡建设厅，《珠江三角洲地区绿道网总体规划纲要》。

　　珠三角区域绿道网通过绿色开敞空间串联各沿线城市，实践城市文明与乡村文明互补与交流，使城市和乡村之间得以联通，市民也能充分参与到游憩休闲空间中去。在城郊结合地带，绿道网已成为区域性的公众户外休闲和生活紧密联系的好地方，有助于缓解全球气候变化，推动低碳城市建设，促进去机动车化城市思想战略转变。珠三角区域绿道也存有一些问题，如应该与区域、城市绿地总体规划相结合，严格保护绿化缓冲区等。

3. 南宁市中心城区绿道网规划

　　南宁市位于广西中部偏南，是广西壮族自治区首府。处于泛北部湾、泛珠三角和大西南三个经济圈的结合部，是中国与东盟合作的前沿城市。南宁位处低纬度地区，北回归线贯穿辖区北部。太阳辐射强，气温高，降水丰富。其特点是夏季高温多雨，冬季温暖干燥，无霜期长，属南亚热带季风气候区域。境内主要河流属珠江流域西江水系。集水面积在50km^{2}以上的河流共42条，总长1771.9km。全市有自然保护区7个，其中国家级1个，省级5个，市级1个，自然保护区面积5.17万hm^2，占全市总面积2.33%；森林公园16个，面积1.16万hm^2；全市森林面积104.7万hm^2，森林覆盖率达47.134%。建成区绿地率36.34%，建成区绿化覆盖率41.99%，人均公园绿地面积13.04m^2。

　　南宁近年来提出打造"中国绿城"、"中国水城"，绿道网的建设与南宁市绿城水城的建设相得益彰，不谋而合，对南宁市的人居环境建设也起到了很好的推动效应。南宁市拥有比较完善的非机动车交通体系，多数市政道路都布局有非机动车道与步行道，同时在风景优美的地段也设置有专门的景观步道。但同时其交通系统也存在一些问题，例如南宁电动车的大量使用成为这个城市一道独特的风景线，但也为这个城市带来了一定的交通隐患。绿道网系统承载了部分城市非机动车交通的功能，可以与城市公共交通、自行车系统以及步行系统实现合理有效的对接。

南宁城市发展特点是从老城区向外呈现扩散式、圈层式的发展。城市发展方向为城市未来向东、向南发展的趋势明显；城市特色为青山环抱、邕江穿越、水网密布。

本次绿道规划范围为《南宁市城市总体规划（2010~2020）》确定的中心城范围，约300km²。南宁绿道规划通过与城市边缘区绿化空间融合，促进城市边缘地区的风貌提升；结合新建环境同步建设绿道，与景观环境更好地结合；在老城中心，通过对原有空间的完善修复，对零散绿化空间的串联，梳理与提升有限环境空间，推进老城复兴。

南宁中心城区绿道规划采用GIS技术，结合参数化设计（对需求要素赋值，分析影响力指数影响线路布局）和适宜性设计（空间美学因素、现状建设因素、权属因素、政策因素）对南宁绿道网需求要素进行分析，从而完成城市生态网络体系构建。

其中生态环境敏感区叠加分析得出：南宁市中心区的高敏感地区主要分布在邕江、多条支流水系以及多个大型斑块绿地地区；中敏感度地块是一些低密度建设区以及农田、城市公园和绿化缓冲带；低敏感区主要是指城市高密度建设区（图2-17）。

将对维持区域生态安全具有重大意义的水体生态斑块和绿地生态斑块从全部用地中筛选出来，并从生态斑块面积、生态斑块连接度、生态服务功能、社会服务功能等四方面对其进行评价，按不同标准对各个斑块进行评价，挑选出最具价值的生态斑块，作为生态网络构建的生态基底。根据斑块的受干扰程度和生态价值，对生态斑块的生态服务功能进行评价。邕江干流贯通东西，是重要的生物廊道，生态服务功能最高；与邕江连通较好的主要支流的生态服务功能为中等；其余零散的支流和小型湖泊水库生态服务功能最低。城市建成区周边成片的森林、郊野公园，连通邕江与周边森林的湿地、森林公园等是重要的生物栖息地，生态服务功能最高；城市建成区范围内较大规模的公园林地、与主要河流有一定连通的绿地生态服务功能中等；零散分布于城市建成区内的小型公园绿地、防护绿地、农田等生态服务功能最低。综合以上各项分析综合评价得出斑块的综合功能评价（图2-18）。

廊道的类型主要包括了河流水系廊道、山林地廊道和交通设施绿化廊道。将廊道所处环境的生态类型划分为"以生态绿地、公园、水系为主导的区域"和"以建筑、交通为主导的城市化区域"。前者的廊道具有更高的生态属性，后者的廊道受城市化影响较大，具有更高的人工属性。生态网络的构建除了基于现有生态斑块和生态廊道评价，同时考虑生态敏感区的评价结果，最终确定评价结果高和敏感性高的廊道作为生态网络的廊道。利用ArcGis软件的最小路径工具，在生态阻力面上模拟相邻生态斑块（大面积水体、绿地）连接的生态廊道（图2-19）。

生态网络体系的构建目的是通过景观格局的优化来改善生态环境，具有自然化、网络化和多元化特征。本次规划基于对各类生态因子、生态斑块、生态廊道以及最小路径的一系列分析，划定出需新增的生态控制区域。通过绿道的生态修复手段与生态结构强化来进行初步绿道系统构建（图2-20）。

南宁中心城区绿道规划总长度273.69km，按等级和功能划分，分为市级绿道、区级绿道和组团级绿道三个层次（图2-21）。其中市级绿道2条，合计148.59km，区级绿道12条，组团级绿道19条。一级服务点5个，二级服务点12个（图2-21、图2-22）。

图2-17　生态环境敏感区评价

图2-18　生态斑块评价

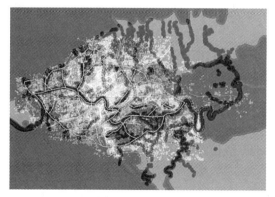

图2-19　最小路径模拟步骤

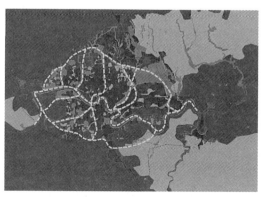

图2-20　生态网络体系构建

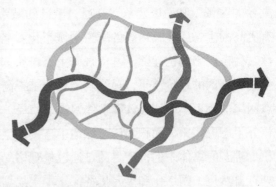

图2-21　绿道网总体布局　　　　　　　　　　　　　　图2-22　绿道网结构构建
图片来源：深圳北林苑,《南宁中心城区绿道网络规划》。

2.3　国内外研究总体评价

2.3.1　国内外相关研究特点及差异

在生态环境恶化、城市无节制发展的今天，环境问题已成为一个无国界的话题，城乡绿地生态网络也已成为重建与自然平衡、应对环境危机、协调城乡发展的重要工具之一。比较国内外对于城乡绿地生态网络构建研究发现，国外通过吸收以生态系统为对象的生态研究知识，将生态系统作为城乡绿地生态网络的指导框架，来调节人类过程与自然过程之间的交流。城乡绿地生态网络构建尺度已从场所尺度、城市尺度发展到区域尺度、国家尺度，构建的内容涉及自然环境保护、历史文化资源保护和游憩资源利用等，研究内容也已经涵盖概念、内涵、方法、技术路线、决策系统和管理维护等，研究体系已逐渐成熟。生态网络和绿道的案例实践也呈现快速发展的势头，参与绿地生态网络构建人员包括政府、高校科研团体、非政府公益组织、普通民众等，管理模式也已逐渐完善。

相比国外，国内城乡绿地生态网络的相关研究还处于完善阶段，构建实践也只处在模式的引入阶段。从研究方式上看，虽然近几年景观生态学科参与城乡绿地生态网络研究较多，但也更多偏重于生态保护。查阅中国知网（CNKI），从1993年厦门大学韩博平陆续发表3篇有关生态网络研究的论文开始，最初的研究更多是理论介绍或与系统生态学的结合；2010年受"十一五"国家科技支撑计划课题"城镇绿地空间结构与生态功能优化关键技术研究"资助，同济大学、北京林业大学、南京林业大学有6篇关于绿地生态网络研究的硕士、博士论文，研究内容主要集中在绿地生态网络评价技术、构建模式等，但研究区域更多局限于中心城区；之后一些论文对中心城区范围内的绿地生态网络的模型构建等也有不少研究。但总体来说，存有体系性研究不强、深度不够等问题。体系研究不强主要指研究更多面向建成区范围，实践案例也多集中在东部发达地区，缺少与自然、人文、居民需求（游憩需要）的进一步结合；深度不够主要是缺少对城乡区域、中小城市尺度的适宜性研究系统研究；绿地生态网络构建技术手段研究不足，模型预测中还有许多关键技术问题没有解决，最集中的是关于城乡建设发展与绿地生态网络相互影响的技术分析在中心城区之外的尺度上研究较少，更多集中在中心城区构建模型的开发与实践上。绿地生态网络构建管理模式缺乏协调机制，实施主体更多是政府主导，市场参与、公众参与还很弱。

2.3.2　研究展望

1. 在理论体系、制度体系和管理体系上要有所完善

充分学习国外城乡绿地生态网络构建与研究经验，结合当前我国社会经济发展水平、自然环境条件以及制度体制，建立起一套具有中国特色的城乡绿地生态网络构建的理论体系、制度体系和管理体系。特别针对当前新型城镇化建设中出现的"多规合一"、"大部制改革"、"生态红线划定"等一系列现象，更需要发挥城乡绿地生态网络的整合特色。

2. 在构建技术手段上要有所突破

城乡绿地生态网络构建需要一定的技术手段支持，原有的技术方式不能完全实现城乡绿地生态网络的构建目标。面对未来新型城镇化的发展态势，需要更便捷、更准确、更有效的构建技术手段。可紧密结合国外及相关学科的研究成果，吸收GIS（数据分析和数据管理）、MAS（Multi-Agent System，信息协调）等技术来构建城乡绿地生态网络模型。

3. 在构建模式上要有所创新

城乡绿地生态网络构建内容包括自然、人文、居民需求三个方面；前两者的影响主要表现为对城乡绿地生态网络的供给约束，后者的影响主要表现为对城乡绿地生态网络的需求驱动。当前的城乡绿地生态网络构建研究多从自然的约束出发，而城乡绿地生态网络应当有一种整齐的设计观，需要从三者共同耦合的角度，结合社会经济发展的需求进行模式创新。

2.4 本章小结

城乡绿地生态网络是协调自然、文化遗产保护和市民游憩需要的良好工具，也是应对城乡生态环境恶化、城市空间蔓延、生态资源破碎化、城乡联系性不强的有效工具。经过多年发展研究，内容已比较广泛，涉及绿地生态网络概念理论、实施模式、技术路线等，但绿地生态网络构建技术的手段多样性不强，且在国内的研究中缺乏对自然、文化遗产保护和市民游憩的整合协调研究，也缺乏对城乡绿地生态网络技术手段的适宜性研究。国外研究比较注重与土地的整合，对各类资源的定量化和实证研究较强，而国内研究更偏重构建内容的定性化和单一化，某种程度上对制度体系、管理体系缺少研究。

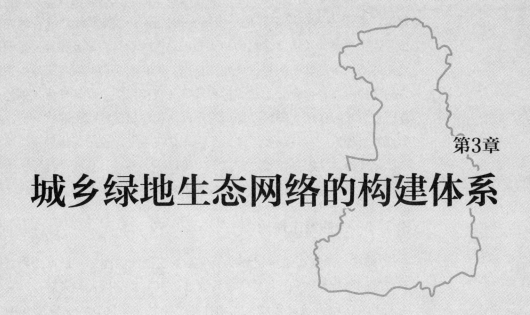

第3章

城乡绿地生态网络的构建体系

3.1　相关理论基础

城乡绿地生态网络的构建主要针对城乡地域范围内的自然资源、文化遗产资源等进行保护，进一步结合市民游憩的需求行动进行预先安排，这必然要涉及众多学科的相关知识。这些学科在城乡绿地生态网络构建的不同阶段和不同层次上发挥作用，但它们必须与城乡绿地生态网络构建的对象、内容、思想、过程或方法直接相关，并转换为规划的内在因素后才起作用。与城乡绿地生态网络构建相关的理论非常广泛，如弹性城市理论、可持续发展理论、生态整齐主义理论、绿道理论、城乡一体化理论、生态基础设施理论等，难以一一细述，只能选择一些主要的理论，讨论这些理论中与城乡绿地生态网络构建相关的主要内容。

3.1.1　弹性城市理论

"弹性"是指通过重建和恢复生态系统平衡的能力，抵御外界对生态系统的干扰[65]。在人类社会系统里，它主要是指人类应对各种灾害的能力。在城市建设领域，它则往往是指城市空间适应未来变化的能力，总体来说，不管是生态系统、人类社会系统或是城市建设领域，城市能够及时应对，最大程度上保存各个系统的基本功能，并且在较短时间内恢复。弹性城市最根本的主要特点是，城市在应对自然灾害的冲击时，能够具有自我调整和恢复的能力。

最初提出弹性城市，是为了应对石油紧缺和气候变化，主要关注的是城市采用何种方法来切实降低人类对石油燃料的依赖，以及有效地防御因气候变化可能导致的自然和人为灾害。随着社会经济的发展以及跨学科的合作，弹性城市的内容在不断扩展。总体来说，建设弹性城市主要遵循以下设计原则：

（1）降低碳排放：降低CO_2和其他温室气体的排放，每个家庭、社区以及城市区域最大程度实现碳中和；减少化石燃料的使用，提高能源利用效率，使用可再生能源。

（2）生物和社会多样性：城市的多样性程度越大，其弹性能力也就越高，抵御外力并迅速恢复的能力也越强。

（3）适度系统冗余：当自然灾祸或者恐怖袭击破坏了城市的某个系统，还有备用系统能够继续发挥作用。这些系统主要是指影响人们生存和城市机能运作的重要系统。主要包括电力、供水、能源、通信、食物补给、道路交通、避难场所等系统。

（4）当地自给保障：城市和社区必须创造可持续的产品和服务，确保灾害发生时，能够保证食物、燃料、水和其余日常生活用品的服务，从而降低人员伤亡和经济损失，使本区域较快恢复。

（5）适应性设计：规划必须考虑到当地的具体情况，并做出针对性的设计，同时这种设计能够在一定程度上适应城市的不同状态[66]。

弹性城市理论可借鉴应用到城乡绿地生态网络构建体系中，当前城镇化的建设必然影响着城市的生态过程，降低了城市的生态弹性，也增加了生态系统的脆弱性[67]。城乡绿地生态网络作为一个系统工程，可使城市保持弹性的适应能力，能够弹性地适应环境的变化与自然灾害，保证城市居民的基本安全、生活等需求。

3.1.2 景观生态学理论

景观生态学属于理论与应用的交叉领域，形成于20世纪70年代的欧洲，主要关注生物物理过程与人类文化过程，通过研究人类主导景观中的土地保护问题，探究土地结构如何因人类影响与自然过程而演变。20世纪80年代早期引入北美，聚焦于景观格局与景观过程的研究。景观生态学空间变异的影响强调自然和文化景观的操作功能，注重生态系统的相互作用导致的空间变化，从而为创造可持续的景观概念的各种交流提供一个模板。

景观的空间结构、功能与变迁是景观生态学的主题。景观生态学与生态规划联系紧密，两者都关注自然主导或人类主导的景观，特别是其时空格局及过程。景观生态学将景观看作一个整体，其中相互作用的组成元素可归入一个复杂性及组织程度渐增的层级体系之中。

景观生态学注重对生物空间的研究，将生物空间系统的构建与绿地系统规划、城市规划相互结合，使开发建设活动对自然生态系统的消极影响降到最低点。景观生态学认为，生态系统之间的联系是通过景观镶嵌体中的物质、能量、物种的流动进行的，景观生态学的研究是找出一个最佳尺度，描述空间异质性与注意过程的关系。福尔曼在《景观生态学》一书中提出斑块—廊道—基质的空间研究框架，用于描述从城市到乡村的各类景观功能构成。不同于生境单元集合体的概念，这个框架强调了景观元素的异质性。斑块是不同于周边环境的景观要素，拥有多样的尺寸、形状与边缘类型；廊道是指不同于周边环境的带状土地，围绕其周围的是基质，基质对于景观的动态演变起着决定性作用[68]。斑块—廊道—基质空间框架越来越多地应用在生态规划设计项目中，用于描述景观结构，为城乡绿地生态网络构建提供了理论依据和科学方法。景观生态学与城乡绿地生态网络构建的融合，可为景观内的生态系统和栖息地构建一个生态学框架，从而可以保护一个地区的生物多样性和景观多样性。

3.1.3 绿道理论

绿道是为了实现生态、娱乐、文化、美学和其他与可持续土地利用相适应的多重目标，经过规划和设计而建立起来的土地网络[1]。埃亨提出的绿道概念是指为城市的开放空间提供路径，连接城市与乡村空间环境，强调空间连接度。这一定义融合了绿道的不同功能以及在不同的环境背景（包括自然、文化、空间或政治）下建立的类型。

绿道理论在国外已有150多年的研究历史，如在美国已经形成一套覆盖国家、区域、城市、社区等多个层面的绿道规划体系，保障体制也比较健全，做到国家战略、法律法规、土地使用规章和区划等多个方面[1]。而反观我国，任何规划都需要纳入到《城乡规划法》的法定规划体系才能得以实施。城市绿地系统承担着保护城乡自然生态系统、构建城乡生态安全格局、促进绿色低碳发展的重要职责，应当把还未是国家法定规划体系的绿道整合其中，理顺绿道规划与城乡绿地生态网络构建的相关功能关系，在市域、规划区、中心城区三个层面，进行绿道规划与城乡绿地生态网络构建的整合研究[1]。

绿道与城乡绿地生态网络构建的整合，可恢复和提高区域自然生态系统的服务功能，应对未来城镇化发展的不确定性，使立足于绿道的城乡绿地生态网络与城镇功能区的空间耦合表现为一张弹性的网，对保护城市生态环境、反映城市景观格局[1]、引导城镇空间形态的发展及建设用地的产业布局起积极的调控作用。另一方面，绿道与城乡绿地生态网络构建的整合，可弥补现有城市绿地系统规划对非建设用地范围内生态绿地的划定不足，扩大城市绿地系统的规划空间，发挥城乡绿地生态网络的生命线保障系统作用[1]。

3.1.4 生态整体主义理论

生态整体主义是生态哲学最核心的思想。生态整体主义的核心思想是：把生态系统的整体利益作为最高价值，把是否有利于维持和保护生态系统的完整、和谐、稳定、平衡和持续存在作为衡量一切事物的根本尺度，作为评判人类生活方式、科技进步、经济增长和社会发展的终极标准。生态整体主义不等于生态中心主义，生态整体主义的基本前提是非中心化，它的核心特征是对整体及其整体内部联系的强调，绝不把整体内部的某一部分看作整体的中心。生态整体主义被誉为迄今为止最重要的生态思想之一[34]。

从生态危机和生态整体观的角度来看，人类几千年来所犯的最致命的错误，就是以自己为中心、以自己的利益为尺度，没有清楚而深刻地认识到与人类的长久存在密切相关的生态系统的整体利益和整体价值。这个错误导致了无数可怕的、难以挽救的灾难。生态整体主义倡导人类跳出数千年来的旧思路，努力去认识生态系统，进而将认识到的生态系统的整体利益作为衡量人类的一切观念、行为、生活方式和发展模式的基本标准，为防止人类重蹈覆辙、为人类缓解乃至最终消除生态危机提供了一个重要的思维方式和思想根源。

将生态整体观引入城乡绿地生态网络规划理论框架，主要意义在于把整个自然纳入一个大系统中，研究整个自然系统内所有现象和所有能量流动与生物、特别与人的互动关系及其规律。提倡城乡绿地生态网络构建的整体性，为整治与恢复当前城乡的生态环境提供理论依据。

3.1.5 可持续发展理论

可持续发展理论是城乡绿地生态网络构建的重要理论基础。可持续发展是当前世界各国共同倡导的协调人口、资源、环境与经济相互关系的发展战略。其核心思想在于，健康的经济发展应建立在生态可持续发展、社会公正和人民积极参与自身发展决策的基础上。可持续发展包括生态可持续、经济可持续和社会可持续，三者之间相互关联且不可分割。其中，生态可持续发展是基础条件，经济和社会可持续是发展目标。由于不同国家和地区具有不同的社会经济基础、意识形态和环境消费观，所强调的可持续发展的概念模式也不尽相同，但从本质上看，可持续发展就是要实现人与自然、人与人之间的协调与和谐，要求在资源永续利用和环境得以保护的前提下实现经济与社会的发展。所以，生态可持续发展是可持续发展的物质基础和内在保障。城乡绿地生态网络构建一定要基于可持续发展的系统观、整体效益观、人口观和资源环境观来进行[35]。

3.1.6 城乡一体化理论

城乡一体化有两种含义，其差别在于一种是将它作为实践中指导工作的方针，一种则将它视为发展的目标。第一种含义严格地说，应是"市郊一体化"，即一座城市与它所辖的郊区，在行政区划内对城乡经济进行统一社会发展规划，克服城乡分割对立的局面，促进城乡共同发展；第二种含义是指城市和乡村的对立消失，是城乡关系协调的标志和归宿，是社会生产力和商品经济发展到一定水平的产物。可见城乡一体化既是一种发展目标，也是一种发展过程，只有树立了城乡一体发展的指导思想，才可能引导城乡走向协调统一、共同发展、共同繁荣的道路。

城乡一体化是解决城乡矛盾和缓解城乡差别的有力战略措施。享利·赖特主张通过分散权利来建造许多新的城市中心，即形成一个更大的区域统一体，以现有的城市为主体，并将城市主体加以分散，将城市与乡村统一到一个多孔的多中心的可渗透的区域综合体，并作为一个整体运行，使城市与乡村相互包容，引导城乡区域的整体发展，建立城乡之间的平衡[36]。

霍华德1898年在田园城市理论中提出，城市占地1/6，永久绿地和农业用地占5/6，他认为城市和乡村各有优缺点，而"城市—乡村"一体化模式能够实现互补，规避二者的缺点。美国城市理论家芒福德指出，城市与乡村不能截然分开，城市与乡村同等重要，城市与乡村应有机结合。正确处理城乡关系是世界各国城市发展道路上所面临的共同问题。研究表明，多数发达国家的城乡关系发展一般经历6个阶段：乡村孕育城市；城乡分离；城市统治和剥夺乡村，城乡对立；城市辐射乡村；城市反哺乡村，乡村对城市产生逆向辐射；城乡互助共荣与融合[69]。由于长期历史所形成的城、乡隔离发展模式，我国城市发展过程中各种经济社会矛盾日益凸显，城乡一体化思想因此逐渐受到重视。

城乡绿化一体化是基于城乡一体化思想，将城乡范围内的绿色空间整体布局、规划。绿地生态网络思想正是打破了行政区划的界线，突出连接的重要性，按照自然的脉络进行生态绿色空间的统一布局，并形成有机的网络体系。

3.2 构建的主要原则

3.2.1 连接

连接为不同尺度的城乡绿地生态网络构建建立了基础，尤其是那些区域层面上的网络。城乡绿地生态网络是相互联系的空间网络，其目的是使城市和乡村土地利用一体化，通过连接各种因素，提供一个保护性的网络，而不是孤立式的景观。城乡绿地生态网络构建的核心是连接，这个连接是多方面的：各类景观资源和自然系统之间的功能连接；各类文化遗迹、湿地、自然保护区、森林公园等的策略性衔接，对于城乡绿地生态网络来说，考虑连接的科学基础和生态学原理也很关键[1]，不是仅仅把两个孤立景观简单地连接在一起，是要形成具有一定生态过程的网络结构，以确保野生动物种群的健康发展，发挥整体生态效率；通过城乡绿地生态网络和连接功能，联系和组织社区居民与各类景观资源之间的关系；其中最重要的是自然系统的网络连接，通过城乡绿地生态网络构建，更能突出自然资源的价值，表现为城市绿地开放空间网络功能的加强，城乡之间生态、社会、经济上的联系更紧密。

3.2.2　网络结构

城乡绿地生态网络的结构特征包括：宽度、组成、内部环境、形状等。宽度和连通性是控制城乡绿地生态网络生态功能的主要因素。城乡绿地生态网络不仅是提高绿色空间之间的连通性，关键是要提高各类景观资源的连通性。在进行城乡绿地生态网络构建时，人们通常关注景观资源的自然保护和它们的生态效益，而由于绿地廊道同时具有游憩功能，应当把满足市民游憩需要的景观资源纳入到绿地生态网络之中，使网络结构体系包含生态、文化、遗产三大内容，提供未来城市发展的关键框架。

3.2.3　整体

全面的城乡绿地生态网络规划能够通过合适的网络结构把景观资源连接成一体，形成整体的保护系统，从而达到城乡联系的目的。城乡绿地生态网络构建需要有整体的规划，要跨越多个行政辖区，综合考虑不同层次的各个绿地要素。要有分析和解决问题的整体思路，在城乡范围内建立起绿地的布局结构，使得村镇、规划区、市域之间形成良好的连续性和整体性[19]。基于城乡绿地生态网络构建体系的城市绿地系统的设计，能够连接城市中心区、规划区、市域，在区域、地方乃至国土尺度上分层解析绿地要素，使规划更具针对性和可操作性。

3.3 城乡绿地生态网络构建的主要途径

3.3.1 基于自然景观保护的城乡绿地生态网络构建

该途径以自然保护为主要目标，维护生态环境平衡为目的，强调生态过程的恢复，主要由具有生态意义的保护地块和生态廊道组成城市绿色基础设施。自然景观保护与恢复需明确现状，在深入调查研究后选择合适的保护恢复技术。由于自然景观既是生态系统的有机组成，其自身又自成体系，因此自然景观的保护与恢复工作存在其特殊性、复杂性，应视实际情况具体分析方可得出适宜的方法。

绿地生态网络的构建涉及复杂的生态系统问题，以及受外界因素影响的各种流的运动过程，常常需要关注诸如完整性、稀缺性、多样性、景观的脆弱性或独特性、生态系统构成要素等问题。场地当前的自然特征对规划具有决定性的影响作用，因此，城乡绿地生态网络的构建始于对规划区域自然属性数据的收集与分析，提出利用或改善现存绿地生态网络的方案，包括在现有自然景观格局的基础上，通过改变土地利用方式，增加新的绿地斑块，提高绿地生态网络的连接度。这一途径的依据是自然景观的破碎化被认为是威胁城乡生态过程的最主要因素，所以规划强调绿地生态网络的连续性关系，目标是将城乡区域不同大小的保护地连接成为具有整体性的保护网络，融入更大尺度的绿地生态网络体系中。主要数据可结合生态红线划定的各类生态功能区用地分布，进行功能区域敏感性评价，判别出维护城乡生态安全的关键性空间格局，即为城乡绿地生态网络的构建基础。

基于自然景观保护的城乡绿地生态网络是城乡生活存在的前提。生态环境系统和生态流，能将城市的结构与功能和外部环境联系起来，一方面形成城乡发展的载体，另一方面实现城市与生态环境的可持续发展。

3.3.2 基于文化遗产保护的城乡绿地生态网络构建

该途径通过参考遗产廊道的规划理念，整合零碎散立的富有特色的文化景观资源，区域遗产廊道网络建立了集生态文化保护、休闲娱乐、审美功能、旅游开发等多功能于一体的城市绿地生态网络格局的文化遗产保护。基于文化遗产保护的城乡绿地生态网络首先是一种线性的文化景观，可以是具有文化意义的运河、道路以及铁路等，也可以指通过适当的景观整理措施[70]，联系单个的遗产点而形成具有一定文化意义的绿地生态网络。

基于文化遗产保护的城乡绿地生态网络构建，常常需要关注诸如资源保护的高效性、空间的连接性、功能的兼容性等问题。资源保护的高效性是指作为一种土地的利用战略，基于文化遗产保护的绿地生态网络可以以较小的土地面积，保护较多的历史文化和生态资源。空间的连接性表明作为一种线性文化景观，网络的构建对维护物质、能量和物种的流动过程也能起到重要作用，在城乡绿地生态网络的格局中发挥了廊道的功能。功能的兼容性包括遗产保护、游憩休闲、生态保护和经济发展等多种功能，只不过遗产保护和历史文化的内涵在此居于首位。

3.3.3 基于市民游憩需要的城乡绿地生态网络构建

在当前新型城镇化建设的巨大压力下，将城市的游憩空间、开放空间、公共空间与城乡绿地生态网络综合考虑是十分明智的。通过构建城乡绿地生态网络，将城乡范围内的游憩资源与城乡居民休闲游憩紧密有机地结合起来，这也是构建城乡绿地生态网络的另一途径。该途径主要以满足城乡居民游憩活动的需求为目的，涉及审美、心理、社会、教育、科学和价值观念等问题，关注城乡绿地的大小、空间分布、使用者与游憩活动的相容性、公园绿地的可达性、可视性以及对特殊需要的适宜性等问题。传统的绿地系统规划中基于市民游憩使用的"点、线、面"均匀分布、服务半径满足的原则与这一途径的构建原则具有相通之处。可达性、连续性、功能兼容是这一途径的主要规划原则。

上述三类有关城乡绿地生态网络构建的方法途径，彼此之间并不存在相互排斥的关系，往往需要综合运用，如对于自然景观保护的生态资源，有些既需要用生态规划方法确保这些资源的环境生态功能，实现维护国家和区域生态安全及经济社会可持续发展的基底作用，有些也需要用系统层次的规划方法，将其与公园绿地、风景游憩林地连成一体，满足市民游憩活动的需求。

因此，以自然景观保护、文化遗产保护、市民游憩需要三种途径所构建的城乡绿地生态网络为目标网络，从市域、规划区、中心城区各自的需求出发，进行相应叠加多层级绿地生态网络，形成综合性城乡绿地生态网络，并在此基础上对城市绿地系统规划按尺度、按建设目标进行规划整合。

第4章

城乡绿地生态网络的构建方法

城乡空间环境内的各种信息因素很多，不是每一个信息因素都是城乡绿地生态网络构建所必需的。因此，通过对相关信息进行分析、梳理，需要明确融入绿地生态网络中的元素及其特性，这样可更好地构建城乡绿地生态网络。关于生态网络的构建方法较多，本章通过研究总结国内外相关构建方法，梳理提炼建立一种符合当前国情的城乡绿地生态网络的构建流程，指导后期扬州城乡绿地生态网络构建实践。

4.1 城乡绿地生态网络构建的相关信息提取

4.1.1 地理要素信息

（1）地形

地形地貌决定了城乡绿地生态网络构建的基础，是城乡绿地大环境中的重要绿色基质。地形地貌的差异性会影响区域动植物等生态资源分布，对城乡环境小气候变化、降水等也会有所干扰。

（2）水体

水系是城乡居民亲近自然、实现归属感的重要空间。水系廊道是城市活的血脉，不仅能维持生态系统的平衡，还是城乡绿地生态网络的重要廊道。因此，水系是城乡绿地生态网络构建的主要绿色骨架。

（3）土壤

土壤是绿地植物生长的介质和养分的供给者，与城乡绿地生态环境质量密切相关。城市的快速扩张，会使原来一般性质意义的自然土壤发生明显机理上的显著改变[71]。研究不同景观资源类型与土壤的关系，探明影响绿化植被生长因素中的土壤因子状况，研究结果对提高城乡绿地生态网络连通指数、保护和治理城乡生态环境提供科学依据[71]。

（4）地质

根据地基本身的抗压强度、各类城乡区域的地基承载力经验值，结合地貌条件，确定出不同地质的分布状况、地质类型、发育强度、地质灾害状况等。地质条件较差的地区虽然不适于城市建设，但可作为城乡绿地生态网络构建重点考虑的资源区域[72]。

4.1.2 社会经济要素信息

（1）城市性质

城市在国家和地区的政治、经济和社会发展中，体现了城市特色和城市总体发展的基本方向。城市的性质反映了城市的个性，反映了城市的政治、经济和社会的发展、地理环境、自然因素等区域特点。城市性质、城市布局是城乡绿地生态网络构建的基础，绿地生态网络的构建相应地也会影响到城市绿地系统规划。

城市性质的不同，对构建城乡绿地生态网络的影响也会有所不同。如作为一个风景秀丽的城市，拥有大量的名胜古迹和游憩价值比较高的自然景观资源，娱乐、审美景观形象的相关功能在绿地生态网络构建中就显得非常重要，而游憩型绿地生态网络也将是主体；在工业类型的城市或资源环境与生境条件较差的城市，绿地网络的构建就要把生态保护功能摆在首位。

（2）城市布局

城市布局指城市已建区域的外在形态以及内部用地属性功能和道路体系的结构和形态，是引导未来城市发展的根基。城市布局的形态均是以区域土地资源的自然条件为基础展开的，同时又会被社会经济、环境水平所制约。

城乡绿地生态网络构建形态与城市布局有着很大关系，城市布局的外在形态会影响城乡绿地生态网络的构建形态，它们之间存在互补共扼的关系。

（3）经济条件

城市发展的好与坏与经济因素关系密切，一方面城乡绿地生态网络构建需要经济基础做强大后盾，另一方面城乡经济发展的方式也影响与制约着城乡绿地生态网络的布局方式。相关的经济因素如土地管理、财政税收、农业产出、工业主导产业等都可以转化为城市发展的物质要素，对城镇化建设起到推动作用，这些也会反作用于绿地生态网络的构建。当然，城乡绿地生态网络构建会对生态环境起到一定改善作用，能够拉动消费，扩大内需，促进相关产业的发展；对改进城市投资空间，提高城市经济发展水平也有一定程度的帮助。

（4）土地利用条件

土地是城乡绿地生态网络存在和发展的基础。土地利用类型变化对应到空间上，相应会影响城乡布局形态。土地假若不足，会相应增加人口密度和建筑的容积率，带来污染增加和城市小气候的变化，改变原有的人居环境；土地面积的增加与减少，相应会影响到绿地面积的增加或减少。当前城市环境恶劣的某些原因在于绿化用地的匹配不足，而未来城市发展会进一步加剧土地的竞争。如果能在土地分配上获得突破，扩大绿地面积，则可形成与上例相反的良性循环，提高环境质量和防御灾害的能力[73]。

（5）城市历史文化

城市的历史与文化有着密切的关系，文化通过历史积淀，历史经由文化给予传承。城市的文化和历史传统，也是城市环境质量的主要内涵，更是一个民族的历史文化和特色在一个特定地区的反映[74]。

在城乡绿地生态网络构建过程中，一些具有特色的文化资源和民俗传统对塑造地方、区域的绿地特色有非常重要的价值，通过连接这些具有历史意义的地理区域或文化景观，能够强化城市的品牌形象。

（6）人口状况

通过分析人口地区分布的特点和影响因素，探讨人口空间分布变动的规律。人口的变动会影响城市内部经济、社会、产业等各要素结构和布局的变化[75]。城乡数量庞大的人口也会对城市空间环境、经济资源增长造成巨大的压力。

4.1.3 环境要素信息

环境要素主要包括"五岛效应"对城乡环境的影响。"五岛效应"主要是指热岛、雨岛、阴岛、干岛和湿岛，"五岛效应"给城市的发展和人们的生活造成了各种负面影响。通过城乡绿地生态网络构建，可有效减缓城市"五岛效应"，减少雨水地表径流带来的相关污染，补充地下水资源，保护和改进城市环境质量。

4.1.4 生物多样性要素信息

生物多样性是指动物、植物、微生物的物种多样性、遗传基因多样性和生态系统的多样性，是人类社会赖以生存的物质基础。包括四个层次：基因（遗传）多样性、物种多样性、生态系统多样性和景观多样性。对于人口集聚、产业发达的城市地区来说，只有市域范围内面积较大的森林、水域里会呈现丰富多样的物种，其他区域更多以人工营造环境为主。城市化的结果往往导致生态系统的同质化和遗传基因的简化。对于城乡区域而言，环境质量的低下会显著改变物种的丰富性，因此，绿地生态网络的构建，对进一步改进城市环境，加强相应动植物保护和培育具有重要的意义。

4.2 城乡绿地生态网络的构建流程

目前关于城乡绿地生态网络的构建，在实际运用中，更多地表现为将基于生态的理念渗透到相关规划之中，穿插在相关规划的各个层面，在各个编制阶段中得到体现，还没有形成统一的编制方法和工作规范，但是不少专家学者对此已做过不同方面的研究。

20世纪90年代，佛罗里达州和马里兰州都提出类似的基于GIS的模型来设计全州范围内的生态网络。这些模型被应用于不同的地理区域以及不同的尺度。生态网络设计的第一步就是完善或调整好网络设计模型，使它能同时适应项目区域的尺度、大小和地理差异，以及可获得的空间数据量、可用时间和资金等各个方面。两种模型都采用五个基本步骤：详细描述网络设计的目标，确定想要的特点；搜集和优化各类相关景观数据；确定并衔接网络元素；为保护行动设置优先级；寻找反馈和投入等[42]。沃本2001年以荷兰为例进行了一个称之为生境结构的景观生态分析与规划，总结了五个步骤：物种选择；生境分析；斑块的定义与分类；网络分析；综合，从具体指数到景观生态空间质量的一般比值等[11]。

通过对相关研究的总结与归纳，本研究认为城乡绿地生态网络构建流程一般可归纳为以下六个步骤：收集和处理各类场地数据，详述绿地生态网络构建的目标体系，评价和分析城乡绿地生态网络的构建元素，多途径绿地生态网络的构建与叠加整合，运行机制与管理措施。

4.2.1 收集和处理各类场地数据

数据按照适合项目类型和分析范围的尺度来收集，主要包括图形数据（现状地形图，高分辨率遥感影像，土地利用类型图，城市总体规划各类图件，自然、人文遗产图件，旅游资源图等）、自然环境数据（地形、水体、土壤、地质、生态敏感区等）、社会经济数据（人口、地区生产总值、产业结构、土地利用情况等）、相关规划文本与研究报告（土地利用规划、城市总体规划、生态红线规划、旅游总规划、森林城市规划、绿地系统规划等）；理想状态下所有数据都需要覆盖整个规划区，否则数据的缺口会使后期绿地生态网络的构建过程变得复杂；除了土壤数据之外，其他数据应尽能是最近的。由于一些信息可能存在过时或不完全准确，因此需要野外调研或其他形式的地面调查，亦可利用GIS等地理信息技术等辅助手段进行现状研究。

4.2.2 详述绿地生态网络构建的目标体系

城乡绿地生态网络构建应当详述其设计的目标，以及在绿地生态网络构建中应该包含的一些自然和人工的特点。设计明确的、代表了想要结果的目标和目的是急需的。在网络设计的过程中，我们需要依靠设计目标来指导后期构建；需要明确那些即将融入城乡绿地生态网络中的元素及其特性，这也是十分重要的工作。这些元素可能包括湿地、风景区、自然保护区、文化遗产、游憩资源等。网络目标体系里要充分整合那些在生态功能、文化功能、游憩功能上具有相关性的景观，增强网络构建的可操作性。

4.2.3 评价和分析城乡绿地生态网络的构建元素

结合遥感影像图以及相关规划数据，获取城乡各类景观资源的空间分布，利用GIS技术的相关评价分析方法，整合生态红线区的生态功能、文化遗产资源的文化功能、各类景观资源的游憩功能，评估现状中潜在的或已存在的可作为城乡绿地生态网络组成部分的元素，这些元素之间的相互关系，以及它们随着时间的变化，进一步修正这些元素之间的联系廊道，确定城乡绿地生态网络构建的最终数据。

首先，可以通过土地的适宜性分析、最小阻力模型、生态安全格局的构建等来分别识别自然景观保护、文化遗产保护、市民游憩等三类城乡绿地生态网络构建格局。确定"源"，即城乡绿地生态网络构建体系的"源"，如自然的核心保育区作为生物扩散的"源"，文化遗产点作为文化遗产保护和体验的"源"，公园、风景名胜区和森林公园作为游憩活动的"源"。"源"主要通过城乡土地利用分析和各类资源的现状分布及适宜性分析来确定。然后，通过对自然景观的保护、文化遗产保护、游憩资源等各生态景观安全格局的判别、分析，确定各自绿地生态网络。

4.2.4 多途径绿地生态网络的构建与叠加整合

在城乡绿地生态网络的构建元素评价和分析基础上，创建基于自然景观保护、文化遗产保护、市民游憩需要的三类城乡绿地生态网络构建途径。从市域、规划区、中心城区各自的需求出发，按尺度、按建设目标地进行梳理分析，对自然景观保护、文化遗产保护、市民游憩需要构建的三类城乡绿地生态网络途径进行相应叠加，形成综合性城乡绿地生态网络。

4.2.5 运行机制与管理措施

绿地生态网络的构建不应该仅仅是技术方法的探讨，对于城乡绿地生态网络构建而言，在网络建设还未完成之前，考虑运行机制与管理措施也很重要。在进行网络设计的同时，结合考虑管理方面的问题，可以使人们在设计过程中就鉴别出那些需要进行恢复或潜在需要恢复的景观。另外，城市绿地系统规划作为政府宏观管理和调控土地利用的一种途径，随着城镇化建设的推进，从城市的附属物到重要组成部分，再到决定性因素，逐渐成为城乡可持续发展所依赖的重要自然系统，是维护城乡生态安全和健康的关键性空间格局的基本保障[12]。城乡绿地生态网络要与城市绿地系统进行整合，共同形成合力，才能更好发挥其相应的功能作用。在管理机制上，更应体现绿地生态网络的刚性约束作用，强化规划部门行使监管职权的独立性，同时建立跨行政区域和跨流域的相应监督管理协调机构[12]。

第5章

研究区概况

5.1 研究区域、研究数据

5.1.1 研究区域

研究区域总面积为6634km²，包括扬州市区，仪征、高邮2个县级市和宝应县。其中扬州市区现状总面积为2358km²（其中江都区1330.16km²）。

5.1.2 研究数据来源

数据源为扬州市域范围内的2003年的Landsat TM/ETM+（图5-1）和2013年的Landsat 8两期影像（图5-2）（成像时间分别为4～6月间）、2013年扬州中心城区遥感影像图（图5-3）、乡镇行政界线空间数据、数字高程模型（DEM）数据、天地图·扬州数据、扬州城市总体规划图（2013年）、《扬州市土地利用总体规划（2006～2020年）》、《扬州市土地利用总体规划（1997～2010年）》以及2010年以来扬州市的社会经济统计资料等。以上遥感数据以及数字高程模型数据下载自中国科学院

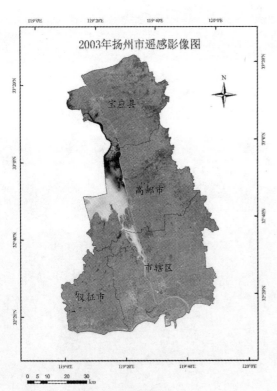

图5-1 2003年扬州市遥感影像图
数据来源：2003年Landsat 7数据。

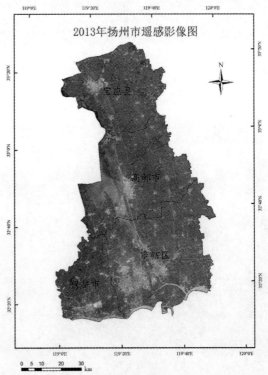

图5-2 2013年扬州市遥感影像图
数据来源：2013年Landsat 8数据。

图5-3 2013年扬州市中心城区遥感影像图

数据云：扬州市DEM（高程影像）、Landsat 7卫星影像。

Landsat 7ETM卫星数据包括8个波长的波段信息。由于不同波段的图像对水体、植被等地物的光谱效应是不同的，根据不同的应用目的，可以选取不同波段做数据融合。TM2波段对健康茂盛的植物敏感。TM3波段广泛应用于地形地貌、岩性、土壤、植被等。TM4波段对植物和土壤水分含量敏感，可以选取4、3、2波段的融合图，用于城市人工用地与非人工用地景观类型的区分（表5-1）。

5.1.3 数据预处理

为精准地获得城市扩展土地的详细数据和城乡界线信息，首先要对多时相影像数据进行预处理，预处理包括几何配准、大气校正、数据融合以及研究区影像裁剪。然后根据影像地物特征信息，利用遥感分类模型将扬州市土地利用类型划分为林地、草地、农田、城镇、裸地和湿地共6类（图5-4、图5-5）。市域范围内，主要利用2003年的Landsat TM/ETM+和2013年的Landsat 8两期影像数据，采用计算机无监督分类方法快速获取地物信息，参考国家测绘地理信息局建设的天地图·扬州数据，并结合野外调查数据对分类结果进行精度检验，为市域范围内的主要生态敏感区、文化遗

Band	波段	波长（μm）	分辨率（m）	主要作用
Band 1	蓝色波段	0.45～0.52	30	用于水体穿透，分辨土壤植被
Band 2	绿色波段	0.52～0.60	30	分辨植被
Band 3	红色波段	0.63～0.69	30	处于叶绿素吸收区域，用于观测道路/裸露土壤/植被种类效果很好
Band 4	近红外	0.76～0.90	30	用于估算生物数量，尽管这个波段可以从植被中区分出水体，分辨潮湿土壤，但是对于道路辨认效果不如TM3
Band 5	中红外	1.55～1.75	30	用于分辨道路/裸露土壤/水，它在不同植被之间有较好的对比度，并且有较好的穿透大气、云雾的能力
Band 6	热红外	10.40～12.50	30	感应发出热辐射的目标
Band 7	中红外	2.09～2.35	30	对于岩石/矿物的分辨很有用，也可用于辨识植被覆盖和湿润土壤
Band 8	微米全色	0.52～0.90	15	得到的是黑白图像，分辨率为15m，用于增强分辨率，提供分辨能力

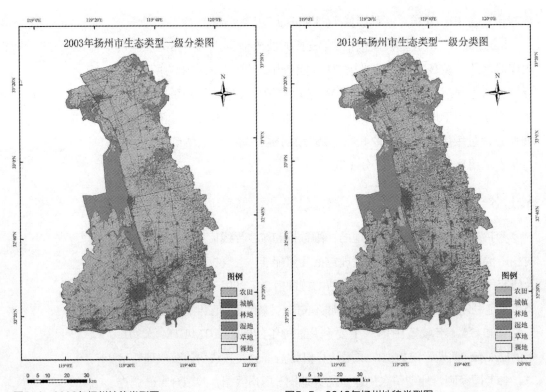

图5-4　2003年扬州地貌类型图
数据来源：2003年Landsat 7数据。

图5-5　2013年扬州地貌类型图
数据来源：2013年Landsat 8数据。

产类资源、游憩资源进行分析和适宜性相关评价做基础数据准备。

　　建成区范围内，主要利用2013年扬州中心城区遥感影像，采用图目视解译的影像分析方法，获取相关绿地资源信息，通过GIS建立绿地资源信息数据库；结合原始地形图以及主要绿地分布CAD数据，对绿地信息进行二次分类，实现绿地信息、数据库与传统数据库的动态更新，二次分类标准主要参考《城市绿地分类标准》CJJ/T 85—2002，对建成区绿地格局现状进行分析与评价。

　　根据本书研究需要，主要采用ENVI5.2，ArcGis10.0，Erdas Image2014，Conefor Sensinode 2.2，Matlab2014 和ILWIS3.8等处理软件。

5.2　城市概况

5.2.1　地理要素信息

1. 地理位置

　　扬州位于东经119° 01′ 至119° 54′ ，北纬32° 15′ 至33° 25′ 之间，地处江苏中部、长江北岸、江淮平原南端。南部濒临长江，北与淮安、盐城接壤，东和盐城、泰州毗邻，西与南京、淮安及安徽省天长市交界[76]。现辖邗江区、广陵区、江都区3个市辖区和宝应1个县，代管仪征、高邮市2个县级市。全市共有62个镇、4个乡和17个街道。全市总面积6634km²，其中市辖区面积2310km²。

　　扬州地处长三角核心区域北翼、泛长三角（两省一市）地区的几何中心，同时受到上海都市圈与南京都市圈的双重辐射与交互影响，连接苏南苏北两大经济区域，具有"东西联动、南北逢缘"的区位特点（图5-6）。扬州濒临长江，水陆交通便捷，京杭大运河二级航道和长江在此交汇，京沪高速公路和沪陕高速、宁启铁路和即将实施的连淮扬镇

图5-6　扬州区位图

铁路在境内贯通并交汇于城市东部，构成了较为便捷的对外联系通道，具有一定的区位优势[77]。

伴随水、陆、空交通条件的不断完善，扬州立足苏中，辐射苏南、苏北及皖东地区的"东西联动、南北逢缘"枢纽区位条件日益凸显。作为长三角北翼重要的区域性交通枢纽，扬州市地处上海都市圈（含苏锡常都市圈）与南京都市圈两大都市圈的交互影响地带。润扬大桥的建成通车使得扬州市可以更加方便地接受上海都市圈与南京都市圈两大区域经济板块的双向传导辐射，同时也将其置于长三角南北两翼生产要素流动的战略通道地位。随着润扬大桥、宁启铁路、宁通高速、苏中机场、江海高速、连淮扬镇铁路等重大交通基础设施的建成，扬州作为长江三角洲北翼重要的交通枢纽地位得以重塑和凸现，成为承继苏南、辐射苏北，承继沿海、辐射内地的关键区域。

随着国际资本在长三角区域内部的结构性调整及由此产生的产业与空间重组，作为区域性交通枢纽的扬州必将在未来长三角区域经济格局中发挥举足轻重的作用。

2. 气候水文

扬州市属于亚热带季风性湿润气候向温带季风气候的过渡区。气候主要特点是四季分明，日照充足，雨量丰沛，盛行风向随季节有明显变化。冬季盛行干冷的偏北风，以东北风和西北风居多；夏季多为从海洋吹来的湿热的东南到东风，以东南风居多；春季多东南风；秋季多东北风。冬季偏长，4个多月；夏季次之，约3个月；春秋季较短，各2个多月。光能资源优于苏南，热能条件好于徐淮；雨量适中，光、热、水三要素配合较为协调。境内气象要素南、北、中略有差异。全市年平均气温14.3~15.1℃；年平均无霜期220多天；年平均降水量1000mm，常年降水较多地集中在7、8、9三个月；常年梅雨期约23天。

市区位于市域的东南部，面积为2358km²，以邵伯湖—金湾河—芒稻河—夹江一线为界，以东为江都区，面积1332km²；以西为市西片区，面积1028km²。中心城区位于市区南部，面积约640km²。

邵伯湖以西片：以江淮分水岭、蜀岗脊线为界，北属淮河流域，排水入邵伯湖，主要河道有公道引水河、三里排河、邗江港、槐泗河等。南属长江流域，其中沿山河以北的丘陵山区，分布有沿山河、友谊河两个流域，一般上游多水库塘坝，河网呈扇形或树状结构；以南的平原圩区河网纵横、坑塘密布，以京杭运河为界，又分东、西两片。京杭运河以东片，被淮河归江河道分割，洪水先分后合入江；京杭运河以西片，以古运河、仪扬河为排水干河，排水经扬州闸入淮或经瓜洲闸、分洪道闸、泗源沟闸入江。

邵伯湖以东片：由南向北划分为沿江圩区、通南高沙地区、通北高平地区、沿运自灌区和里下河圩区。其中沿江圩区地势低洼，涝水直接抽排入江为主。通南高沙区地势相对较高，以自排为主，排水有三个方向，一是经老通扬运河、红旗河、白塔河、向阳河和姚港河等骨干河道，通过沿江四闸（通江闸、河口闸、九龙闸、姚港闸）面向长江和夹江排水；二是遭遇5年一遇以上暴雨，老通宜陵地涵以西段涝水经横沟闸排入三阳河；三是遭遇10年一遇以上暴雨、老通扬运河水位高于4.0m、里下河兴化水位低于1.8m时，可通过老通扬运河西闸、浦头河套闸及北箍江涵洞排水入引江河。通北高平地区和沿运自灌区地势较高，以新三阳河、新通扬运河、戚墅河、盐邵河、小涵河、杨明沟等主要外排通道，自排入里下河网。里下河圩区地势低凹，河网密布，主要受涝灾威胁，引排河道有新通扬运河、新三阳河、盐邵河、野田河、龙耳河、潲汀河等，排涝主要向东北部自排入沿海四港（射阳港、黄沙港、新洋港、斗龙港），如遇特大雨涝，亦则通过江都水利枢纽和泰州高港枢纽抽排入江。

3. 地形地质

扬州地处江、淮、湖、海之间，江淮平原南部，地貌以冲积平原为主，城区西侧仪征、北部蜀冈（以沿山河为界）为丘冈、丘陵，地势较高，南部地区地势平坦，地势较低。城市由于地处江淮下游，水系极其丰富，其南部约14km处为长江，东依淮河入口水道廖家沟，邗沟作为我国历史上第一条沟通长江和淮河两大水系的人工运河从城中穿过。从历史上看，扬州城市的地理位置与变迁与其地形地貌密不可分，唐代之前城市建于蜀冈之上，唐代以后城市逐步向南迁移，由丘陵向平原过渡，并随着长江和古运河走势变化而逐步发展。市域内仪征境内大铜山为最高点，高程为149.3m（废黄河高程系，下同），自西向东呈锥状渐低。市域西部是地势高亢的蜀岗余脉，高程在10～80m不等；平原地区主要分布在沿江北侧，主体是通南高沙土地区，高程一般在4～6m左右；圩洼地区除沿江沿淮分布外，主体是里下河地区，高程在1.5～4.5m之间。市域70%面积位于江淮洪水位以下（图5-7）。

扬州市区地势起伏不大，中西部向东呈鱼背状凸起，南北两侧略低。以甘泉杨寿的丘陵为最高，全市最高点标高约63m；沿山河以北邵伯湖以西为丘陵冈区；沿山河至老通扬运河以南区域为长江三角洲平原区，老通扬运河以北邵伯湖以东区域为里下河浅洼平原区。根据地貌成

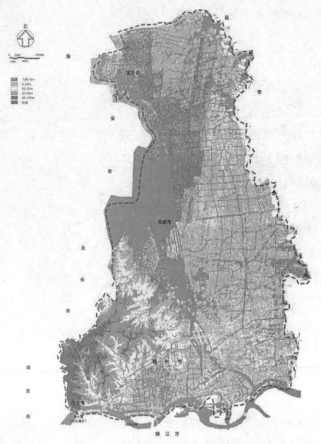

图5-7　2013年扬州地形高程图

因及其特征，市区可分为丘陵冈区、长江三角洲平原地区和里下河浅洼平原区三种类型。

扬州市现辖境地属扬子地层区东北部，只在仪征市、高邮市内有少数基岩外露，其余的地区均被第四系覆盖。据钻探资料揭示：在其覆盖层下见有古生界、中生界、新生界底层。至20世纪80年代后期，本区内所见最老的地层为震旦层。全市境内所见岩浆岩以新生代为主，中生代少见；地面有少量岩浆岩露头，多数在石油钻井中钻遇。

辖区第四系盖层下的基岩构造形迹复杂多样。一般东西向构造成生较早，活动时间较长，自前震旦纪持续到新生代。南北向构造是在印支晚期至燕山期不断成生发展；北东向构造成生于中生代早期，并在中生代反复活动；东向构造成生于中生代，并广为发育，沿断裂有岩浆活动，它与其派生的北西向构造断裂构成本区网格状构造格局。

进入第三纪以来的晚近期地质时期，新构造运动的方式主要表现为差异升降运动以及与其紧密相伴断裂的继承性活动，从而控制着新第三纪和第四纪沉积厚度和岩浆活动的分布。与地震活动有关或直接控制着地震活动的第四纪活动断裂带，几乎都是成生较早，在漫长的地质历史中长期发育、反复活动并一直延续至今的断裂，这些断裂对现代地震的发生和分布起着主导的作用。

4. 土壤

2011年扬州市土地总面积663407hm²（995.109万亩）。农用地面积421689hm²（632.534万亩），其中耕地面积314425hm²（471.638万亩），占土地总面积的47.40%。建设用地面积120557hm²（180.8361万亩），其中城镇工矿（包含农村庄台）用地99377hm²（149.0654万亩），占土地总面积的14.98%；交通运输用地7179hm²（10.7685万亩），占土地总面积的

1.08%；水利设施用地14001hm²（21.0022万亩），占土地总面积的2.11%。未利用地121160hm²（181.7396万亩），占土地总面积的18.26%，其中河流水面52479hm²（78.7178万亩）；湖泊水面49455hm²（74.1830万亩）；苇地11553hm²（17.3297万亩）；滩涂5216hm²（7.8243万亩）。

扬州地区的土壤分为101种类型：土、潮土、黄棕壤和沼泽土4个土类、11个亚种、27个土属。其中水稻土873.71万亩，潮土173.1万亩，黄棕壤9万亩，沼泽土60.9万亩，分别占土壤总面积的78.24%、15.5%、0.81%及5.45%。全市耕地约有70%砂黏适中，20%偏砂，10%偏黏。不同地区由于成土母质的不同，土壤质地有明显差异，沿江地区长江新冲积母质上发育的土壤，以中壤至重壤为主；通南高沙土地区长江老冲积物发育的土壤，以沙壤至清壤为主；丘陵地区下属黄土上发育的土壤以重壤为主；里下河地区湖相沉积母质上发育的土壤则以重壤至清黏为主。土壤质地层次排列对生产性能亦有一定影响，黏质土壤间有沙质土壤层次有利于通气爽水，砂质土壤间有黏质层次则有利于保水保肥。

5.2.2 社会经济要素信息

1. 城市性质

扬州是著名的历史古城，至今已有近2500年的建城史，屡经风云变幻，几度兴衰，几度辉煌。改革开放以来，扬州也面临着一系列严峻的资源环境约束问题，一方面表现为土地资源约束与城市空间扩展之间的矛盾，城市建设用地指标已经接近或达到国家分配的建设用地指标标准；另一方面，生态保护的压力增大对新时期城镇发展与空间扩展形成了硬约束；此外，环境问题已经成为制约扬州城市品质提升的关键问题。在这种背景下，资源、环境硬约束越来越成为扬州新时期发展环境中不可逾越的因素。

扬州的城市定位方面也经历了一个随着历史发展条件变化而不断完善和丰富的过程。从1982年版城市总体规划开始，每版城市总规都对城市定位进行了调整，但这些调整都与当时城市发展有一定关系。城市总规修编工作也需要我们根据时代要求进行新增、选择与淘汰、替换、细化等一系列再定位工作，总体来说，要特别关注扬州区域定位的变迁、经济职能的演变与目标导向性的创新以及城市特色的进一步发掘（表5-2）。

从历轮总体规划的城市定位演变中可以看出，近几年来扬州在区域中的地位逐渐提升；作为历史文化名城的职能不断得到强化，并将继续成为城市未来发展的主要战略；生态、宜居的城市特色逐渐凸显，并上

版本	区域功能	经济功能	城市特色
1982版	—	具有传统特色的旅游城市	历史文化古城
1997版	长江中下游重要工贸城市	工业、商贸城市；具有传统特色的旅游城市	历史文化名城
2002版	长江三角洲区域性中心城市之一	具有传统特色的旅游城市	历史文化名城；适宜人居的生态园林城市
2012版	长三角核心区北翼中心城市	具有传统特色的风景旅游城市；先进的制造业基地	历史文化名城；古代文化与现代文明交相辉映的名城

资料来源：扬州规划局，扬州市城市总体规划专题研究（2011~2020）。

升到城市性质定位层面；对经济职能的调整从某种程度上也反映了扬州未来产业结构调整的方向。特别伴随着行政区划调整后，扬州市区的土地面积从1028km²扩大到2310km²，户籍人口从122.4万增至229.1万，地区生产总值从981亿元跃至1466亿元。这些数据的变化，反映出扬州人口规模有所扩大，城市腹地空间明显扩展，扬州正在经历由城市向都市发展的蜕变。同时，江都融入扬州，也将进一步发挥扬州区域交通枢纽的作用，与镇江、泰州联动，扩大扬州对外辐射能力，为远景与仪征实现对接打下了基础。

2. 城市布局

扬州在市域范围内构建"一带一轴"的城镇空间组织结构。"一带"为沿江城镇带，包括：扬州市区和仪征南部地区。"一轴"为淮江城镇发展轴，包括扬州北部和高邮、宝应沿新淮江线（S237）区域（图5-8）。沿江地区是扬州市域城市化程度最高的地区，经济社会发展基础较好，城镇密集，交通、公共基础等设施相对完善，城镇发展轴已经比较成熟，因此规划期内沿江地区依托区域东西向交通廊道，将形成一条市域经济社会发展水平和城市化水平最高、空间与功能联系最为紧密的城镇带；沿淮江城镇轴上则应整合强化节点城市和城镇，通过轴带结合，引导市域生产要素进一步合理流动、集聚，指导区域性基础设施建设，形成向北辐射的动脉，带动北部发展，从而缩小南北差异，促进区域协调发展。

在规划区内形成城镇发展核心区、北部城镇发展区、东部城镇发展区和南部城镇发展区四大功能区，按照地域特点确定差异化发展政策（图5-9）。形成"中心城区—城镇—农村新社区（居民点）"三级城乡

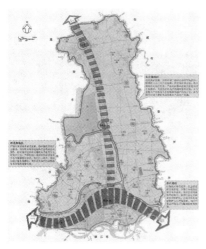

图5-8　扬州市域空间结构规划
资料来源：扬州规划局，《扬州市城市总体规划（2011～2020）》。

图5-9　扬州规划区空间结构规划
资料来源：扬州规划局，《扬州市城市总体规划（2011～2020）》。

体系。城镇发展核心区坚持紧凑发展，重点提升三产服务业比重，工业向规划的园区集中；保护内部组团之间的生态廊道，并引导外围生态空间向城区内部的渗透；外围城镇注重与中心城区的功能和空间对接。东部城镇发展区以高效农业为特色，兼具城镇工贸职能；围绕扬州泰州机场，积极培育航空物流和空港产业。南部城镇发展区依托夹江岸线资源和生态资源，巩固制造业优势，大力发展都市农业和观光休闲农业，推进一产与三产相结合，提升产业附加值。北部城镇发展区依托现有种植业基础及邵伯湖生态资源，发展高效农业及滨湖生态旅游，注重生态保护和水土保持，注意对污染项目的控制。

中心城市由老城、新城、产业片区形成功能分区相对明确、交通联系方便的团块，坚持紧凑的用地布局方式，东西方向沿主要交通轴线延展，重点控制预留沿江城镇带的交通、生态廊道，整合城市空间和功能布局，城市边缘沿交通线适当发展，预留交通廊道之间的楔状生态空间，保证水、绿要素向城市的渗透。形成"东西延展、绿水楔入"的团块状形态。以廖家沟、夹江、仪扬河等区域性水系为生态隔离廊道，合理划分城市组团，以文昌路公共中心轴、瘦西湖—古城—古运河文化轴、江都南北发展轴为纽带联系各个分区，构成"两廊三轴五区"的整体结构和绿水楔入、有机分隔的组团式城市形态[78]（图5-10）。

总体而言，扬州属于平原城市，水网密集，无地形限制和天然屏障。城市布局发展从主导向南变成东联西进，拓展方式由圈层式向组团式转变。

图5-10 扬州中心
城区空间结构规划

资料来源：扬州规划
局，《扬州市城市总体
规划（2011~2020）》。

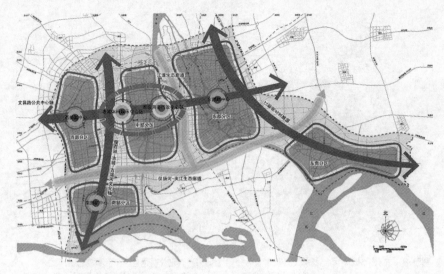

3. 经济条件

改革开放以来，扬州的经济水平得到快速提升（图5-11），尤其进入21世纪，扬州进入了新一轮的快速发展时期，2011全市GDP达到2630.1亿元，同比增长12.2%，连续两个月保持两位数增长，人均GDP为58950美元；随着对外开放程度的不断深化，扬州经济的外向度逐渐增强（图5-12）；2011年，扬州全市注册外资实际到账22.48亿美元，比2010年下降12.6%，出口额达73亿美元。从区域经济来看，扬州的经济水平与苏南各市仍然存在相当的差距，但是领先于苏中、苏北各市（图5-13、图5-14）[77]。

图5-11 2001年以
来扬州市人均GDP
变化

资料来源：扬州市规
划局，《扬州市城市总
体规划（2011~2020）》。

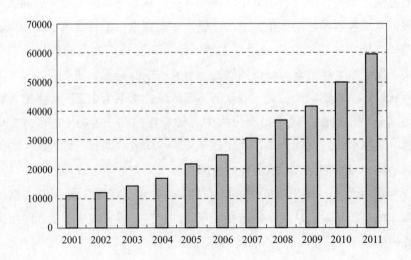

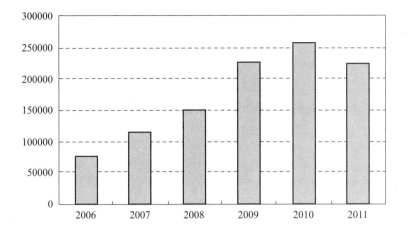

图5-12 2006年以来扬州实际利用外资总额

资料来源: 扬州市规划局,《扬州市城市总体规划(2011~2020)》。

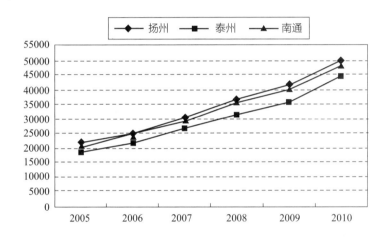

图5-13 苏中三市人均GDP增长对比

资料来源: 扬州市规划局,《扬州市城市总体规划(2011~2020)》。

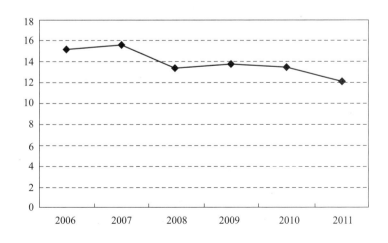

图5-14 扬州市近年来GDP增长率变化

资料来源: 扬州市规划局,《扬州市城市总体规划(2011~2020)》。

进入21世纪以来，扬州的"一、二、三"产业结构持续优化，由2010年的7.2∶55.2∶37.6调整为2011年的7.0∶54.3∶38.7，二、三产业增加值占GDP比重达到93.0%。第二产业近年来维持在54%~56%，略高于全省平均水平，快速工业化特征明显，是推动城市化的主要动力[77]。但第三产业发展滞后，扬州历史、人文、生态旅游资源居全省前列，但是旅游业发展水平处于全省中等水平；与长三角其他旅游城市之间的差距明显，资源优势尚未转化为经济优势。旅游资源的区域开发也存在不均衡，仪征丘陵地区、沿大运河、邵伯湖、长江的自然生态资源没有得到有效的开发利用。

4. 土地利用条件

2012年扬州全市土地总面积663407hm²（995.109万亩），农用地面积421689hm²（632.534万亩），其中耕地面积314425hm²（471.638万亩），占土地总面积的47.40%；建设用地面积120557hm²（180.8361万亩），其中城镇工矿（包含农村庄台）用地99377hm²（149.0654万亩），占土地总面积的14.98%；交通运输用地7179hm²（10.7685万亩），占土地总面积的1.08%；水利设施用地14001hm²（21.0022万亩），占土地总面积的2.11%；未使用地121160hm²（181.7396万亩），占土地总面积的18.26%，其中河流水面52479hm²（78.7178万亩），湖泊水面49455hm²（74.1830万亩），苇地11553hm²（17.3297万亩），滩涂5216hm²（7.8243万亩）。

扬州市农用地尤其是耕地比重大，扬州土地开发利用历史悠久，耕地是最主要的农用地类型，全市耕地面积占土地总面积近一半；水域资源丰富，境内有一江四湖及大片浅水湖荡区，河流水面和湖泊水面占土地总面积约15%。土地利用结构地区差异较大，根据2005年数据，宝应县农用地和建设用地之比大于5，江都、仪征分别为4.7∶1、3.77∶1、3.43∶1，原扬州市区为1.88∶1，土地利用结构地区差异较大。从土地利用效率来看，2010年扬州市域地均GDP仅为0.34亿元/km²，约为苏州的30%，市区地均GDP为0.63亿元/km²（含江都，原扬州市区为0.97亿元/km²），工业用地效率偏低，2009年约7.5亿元/km²，据初步测算，扬州工业用地的实际建设密度不到30%，容积率普遍不足0.5，土地利用相当不经济；全市建设用地结构中，农村居民点用地占一半以上（55.12%），大部分农村居民点缺乏统一规划，布局杂乱，呈"沿河沿路"式分散布局，而且建筑容积率较低、"空心村"大量存在；城镇建设中用地分散、征而不用、多占少用的现象普遍存在。

2010年扬州市域的地均GDP仅为0.34亿元/km²，约为苏州的31.2%（苏州2010年为1.09亿元/km²），市区地均GDP为0.63亿元/km²（含江都，原扬州市区为0.97亿元/km²），工业用地效率偏低，2009年约7.5亿元/km²（图5-15）。依照扬州市土地供给计划，到2020年中心城区城镇建设用地面积为239km²，市区城镇建设用地总规模约300km²，按照正常比例，市区工业用地规模约75km²，因此，集约用地、提高工业用地的利用效率是城市建设的重要任务。根据土地利用总体规划，至2020年全市耕地保有量近3144km²，占市域面积近50%，可用于复垦开发的其他土地仅占16.95%，后备资源严重不足。规划至2020年，全市城乡建设用地约990km²，其中城镇工矿用地379km²，占城乡建设用地的38.28%，农村居民点用地611km²，占城乡建设用地的61.72%，按照既有的发展模式和趋势，城镇建设用地远不能满足城镇人口增长及产业发展需求，缺口达130km²左右，而农村居民点用地相对宽松，人均用地约达360m²，有相当大的潜力可挖。因此，适度加快村庄撤并，提高土地使用效率，并通过土地增减挂钩等方式挖掘现有土地潜力，提高土地利用水平是城乡建设的主要任务。

5. 城市文化

扬州既是风景秀丽的风景城，又是人文荟萃的文化城、历史悠久的博物城。这里有中国最古老的运河，汉隋帝王的陵墓，唐宋古城遗址，

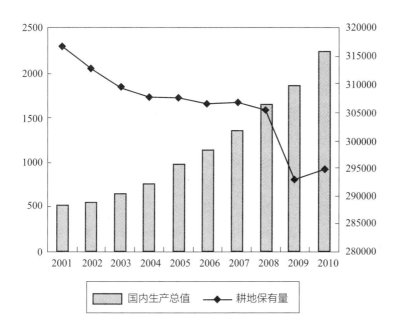

图5-15 扬州GDP增长与耕地资源减少趋势

资料来源：扬州市规划局，《扬州市城市总体规划（2011～2020）》。

明清私家家园林，众多的人文景观，秀丽的自然风光，丰富的旅游资源，多少年来吸引了大量的中外游客。自古以来，扬州便给予世人诗情画意的形象。"故人西辞黄鹤楼，烟花三月下扬州"、"天下三分明月夜，二分无赖是扬州"、"春风十里扬州路"、"绿杨城郭是扬州"、"十里长街市井连，夜市千灯照碧云"等历代文人歌咏扬州的诗句，描绘了扬州闻名中外的梦幻般的城市景观。

"扬州结构依蜀冈"的城市格局结构，是扬州古代城池建设的重要特征。扬州自古以来便与秀丽的蜀冈风光、翠绿的生态底色紧密相依。陈从周教授认为，扬州城是"研究我国传统建筑的一个重要地区，在我国建筑史上具有重要价值"。历史城区的一批官僚、盐商的住宅和建筑遗存是构成名城风貌特色的要素；汪氏小苑、吴道台宅第、个园南部住宅和卢氏盐商住宅是展示盐商文化和城市魅力的物质载体；唐代石塔、宋代古井、元朝仙鹤寺、明代文昌阁、清代园林串点成线，是唐宋元明清各时代文化遗存的独特代表；东关街东圈门、仁丰里等历史街区以及众多历史街巷，是扬州人富有文化意蕴的传统生活的延续。

人文城市、宜居家园，是几千年传承下来的城市特质。扬州历史文化中一直贯穿着热爱生命、热爱家园的根本精神。明清时期扬州建筑业兴盛，是这种生活服务业技术的集中体现。扬州园林的修造蔚然成风，形成了从帝王离船上岸的高桥到蜀冈之上的平山堂，一路上楼台亭阁延绵十几里，"两岸花柳全依水，一路楼台直到山"的空前盛况。明清时期扬州私家园林的修造，无论是规模之大或是构造之精，在江南乃至在全国都是屈指可数。普通人家虽然无力建造大户人家的花园，但也在庭院的一角，围筑花台和苗圃，植上四时花木，以示春秋转换，于闹市中求得清幽，在实用中增添雅致，颇具郑板桥"室雅无须大，花香不在多"的神韵。这在明清时期，蔚然成为扬州民居构建的风尚。扬州地区"三间两厢一庭院"的民居样式，就是受到宅院花园的直接影响而形成的。

"人生只合扬州居"，扬州是一座有着幸福底色的城市。水是扬州的灵气所在，扬州市区河道纵横相连，古运河穿城而过。绿是扬州的活力所在，扬州宜杨，历朝历代都有植树传统，这使得扬州城郭尽在青松与绿柳的怀抱之中，运河绿化带、蜀冈绿化带以及瘦西湖景区环绕整个扬州城。今天的扬州以"水城共生"、"水绿共融"的城市景观为特色。2004年，扬州喜获"中国人居环境奖"，2006年又荣获"联合国人居奖"。扬州的城市建设，正着力塑造"人文、生态、宜居"的鲜明个性。

（1）历史古城

扬州是一座具有2000多年历史的文化古城，自春秋吴王夫差筑城以后，古代扬州几度盛衰，是我国古代水陆交通枢纽和盐运中心，东南第一大都会，著名的风景旅游城市，素有"雄富冠天下"之称。这里有春秋时代的邗沟（中国最古老运河段），汉代广陵王墓，隋代炀帝陵，南北朝古刹大明寺，唐宋古城遗址，唐鉴真纪念堂，宋伊斯兰教普哈丁墓、仙鹤寺，明清私家园林个园（以四季叠石闻名于世）、何园（以中西合璧建筑风格享誉海内）等众多名胜古迹，使古城扬州散发出无穷的魅力。1982年国务院公布扬州为"国家首批历史文化名城"。

（2）运河文化名城

隋炀帝开凿大运河，确立了扬州的交通枢纽地位。盛唐时期的扬州"雄富冠天下"，时有"扬一益二"之称。清代中期，扬州成为漕运枢纽和全国最大的盐业经销中心，积淀了大量的文化遗产。淮扬运河因古代盐运和漕运而繁荣，成为粮、盐、铁集散地。盐商富甲天下。至今仍有众多的盐运和漕运遗址，特别是盐商豪宅名扬天下，盐运漕运成为当今复古式文化产业的重要特色。扬州有180个遗产点被列入《大运河遗产保护规划》，其中大运河水利工程遗产23处，大运河相关物质文化遗存107处，大运河聚落遗产7处。运河既是黄金水道，也是文化廊道，无论在古代，抑或现代，其功能之多样，其价值之巨大，是运河沿线其他城市难以企及的[79]。

（3）地方文艺

扬州地方文艺不胜枚举，其中扬州清曲是中国江苏历史悠久并具有影响力的曲艺之一；同时扬州作为我国剪纸流传最早的地区之一，早在唐宋时代就有"剪纸报春"的传统；扬州也是我国雕版印刷术的发源地，并成为国内唯一保存全套古老雕版印刷工艺的城市，这种工艺也被列为国家非物质文化遗产；扬州江淮东部龙虬新石器时代遗址发掘的玉块、玉管等把扬州琢玉工艺追溯到了5300年前。

扬州盆景亦称扬派盆景，是全国五大流派之一，始于隋唐，盛于明清，成为我国树桩盆景的一个主要流派，各类文化聚集使扬州地方文化璀璨夺目。

6. 人口状况

至2012年底，扬州市域户籍总人口为458.42万人，其中市区户籍总人口230.13万人。从近十年人口变化情况来看，市域户籍总人口以平均每年1万人左右的速度增加，年均增长率为1.86‰。市域户籍人口的增加主要集中在原扬州市区，市区户籍总人口比2001年（上轮总规基准年）增加10.22万人（不含朴席镇人口），年均增加1.02万人，而市域其他地区（仪征、高邮、宝应、原江都市）户籍总人口减少1.76万人。扬州市域人口密度（按常住人口计算）达到775人/km²，其中扬州市区人口密度为1163人/km²（其中原江都市区人口密度为870/km²），仪征市人口密度为718人/km²，高邮市人口密度为434人/km²，宝应县为642人/km²（图5-16）。户籍人口逐年攀升，暂住人口略显波动。2002年以来，随着新一轮城镇建设的展开，农村人口逐步向市区、镇区集聚。市区人口密度呈现由城市中心区向四周逐渐降低的空间分布特征。

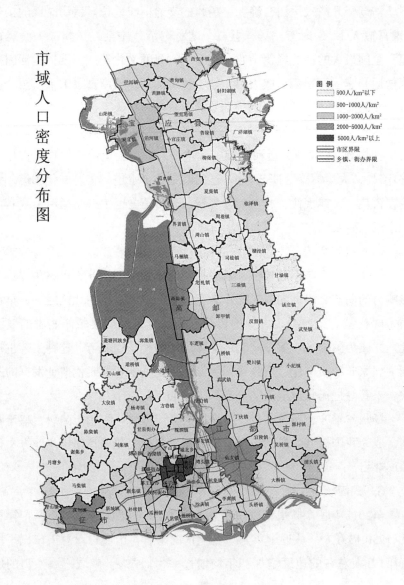

市域人口密度分布图

图5-16 市域人口密度分布图

资料来源：扬州市统计局，扬州市2013年统计年鉴。

2002年以来，扬州市加快了人口向市区、镇区集聚的速度，至2011年底，扬州市域城镇人口达到297.5万人，城镇化水平提高到57.9%，比2010年提高了1.17个百分点，比2001年提高了约15个百分点，年均增加约1.5个百分点。至2011年底，扬州市区城镇化水平达到66.2%（含江都），其余各县市城镇化水平处于40%~50%之间。

2002年以来，随着新一轮城镇建设的展开，农村人口逐步向市区、镇区集聚。2011年扬州市区城镇人口规模达到181.1万人（扬州124.6万人，江都56.5万人），比2001年增加约60万人，城镇化水平达到66.2%，比2001年增加约18个百分点。

5.2.3　环境要素信息

2011年全年空气质量达到或优于二级的天数达323天。创成"国家森林城市"，新增造林15万亩，成片造林率居全省第一，林木覆盖率21.3%。市区新增绿化面积170万m^2。城市饮用水源水质达标率稳定保持在100%。2011年，扬州新增22个"全国环境优美乡镇"和2个"国家级生态村"，全市共计29个乡镇正式获得"全国环境优美乡镇"称号，江都横沟村、邗江建华村和高邮菱塘村3个村先后获得"国家级生态村"称号。

城市环境空气质量：2011年，按《环境空气质量标准》GB3095—2012评价，城区市区环境空气达标天数共237天。达标天数比例为64.9%。细颗粒物日均值、可吸入颗粒物日均值、臭氧（O_3）日最大8小时平均值、二氧化氮（NO_2）日均值存在不同程度的超标。2012年，原扬州市区、江都市、仪征市、高邮市、宝应县城区空气质量优良率分别为88.5%、90.4%、97%、99.7%和96.99%，维持在较好水平；"十二五"时期，全市酸雨污染状况有所改善，市区酸雨污染呈明显缓解的态势，仪征市酸雨发生频率从2007年逐年呈上升趋势，高邮、江都、宝应从2008年起无酸雨发生。2011年开始，扬州持续遭受严重雾霾侵袭，长三角城市群落PM2.5数据统计，扬州在长达三个月的时间内，PM2.5污染指数连续排名第一。

水环境质量："十二五"时期，全市8个城市集中式水源地水质稳定，水质变化不大，达标率都为100%，全市乡镇集中式饮用水源地水质达标率总体呈上升趋势，近年来乡镇饮用水综合达标率都为90%左右；2011年，全市长江流域水质达标率为86.1%，淮河流域水质达标率为100%，南水北调（扬州段）水质达标率为100%，2个考核断面全部达标；但市区主要河流达标率仅为53.6%，瘦西湖为中度富营养化，高邮湖、邵伯湖为轻度富营养化，宝应湖水质最好，为中营养，四个湖泊水质营养状态级别与去年相当，但综合指数均有所上升。

总体来看，与长三角发达地区特别是苏南的交通拥挤、环境状况恶化相比，扬州的环境质量、生态状况等具有很大的优势。扬州生态环境良好、人居环境优美，是理想的创业、旅游、居住场所，这都为扬州社会经济的可持续发展奠定了良好的基础。但面临的一系列严峻的资源环境问题也不容忽视，土地资源约束与城市空间扩展之间的矛盾日趋明显，长江岸线资源日趋紧张。扬州地处长江与京杭大运河交汇处，境内河湖众多，水网密布，随着经济社会快速发展，水质恶化、生态环境退化问题较为严重，加之扬州地处南水北调东线源头，造船、化工、机械等产业的发展必然对区域环境产生巨大压力，增加了区域的生态环境风险。

5.2.4　生物多样性要素信息

扬州地处北亚热带湿润气候区边缘，区内气候温和，四季分明，扬州市拥有植物种类897种。城区处于亚热带季风型气候与暖温带季风气候过渡区，地带性植被为带有少量常绿成分的落叶阔叶林，其在我国植被区划系统中属于暖温带落叶阔叶林地带，主要由壳斗科的落叶栎类和榆科等典型的落叶阔叶树种组成。由于长期的人为活动和破坏，目前地带性植被已不复存在，取而代之的是农业植被、城市植被、人工林植被以及荒地灌草丛，群落种类与结构简单，稳定性差。扬州古树名木保存较多，仅城区就有438株。

野生动物种类有269种，其中鱼类71种、爬行类18种、两栖类6种、兽类16种、鸟类168种（其中国家重要保护鸟类27种）。属于国家一类、二类保护的野生动物有中华鲟、东方白鹳、天鹅、灰鹭、鸿雁、灰雁、绿头野鸭、中华沙秋鸭等。全市野生动物常见的有野兔、野鸡、田鼠、黄鼠狼、獾、獭等。畜禽地方品种有猪、羊、兔、牛、鹅、驴、鸡、马等。鸟有翠尖、裙带、白头翁、麻雀、喜鹊、啄木鸟、百灵、八哥、乌鸦、斑鸠。

渔业资源丰富，主要品种有鲥鱼、刀鱼、鲢鱼、河豚、鳊鱼、鲤鱼、河蟹、虾等。

5.3 绿地建设概况

扬州是一座园林之城，自古有"园林甲天下"美称，扬州园林始见于汉初王室苑囿，唐代私家园林兴盛一时，出现"园林多是宅，车马少于船"的盛况。清代是扬州园林修筑的另一高峰，星罗棋布，更是盛况空前，时有"杭州以湖山胜、苏州以市肆胜、扬州以园亭胜"的说法。

近年来，扬州实施"绿杨城郭新扬州"工程，不断推进"绿杨城郭新扬州"行动计划，坚持科学发展城市园林绿化，强调突出以"河、湖、城、园"为核心，以"人文、生态、精致、宜居"为城市基本特质，重视"名城、古园、水乡"建设和均衡绿地布局，全面划定绿线范围，打造"水绿相映、绿路相依、城园一体、人园共生"的城市特色，着力建设"绿杨城郭、秀美扬州"。

在园林绿化建设中，坚持以河岸绿化、广场绿化、公园绿化、道路绿化为重点，以小区绿化、街心绿化、单位绿化和庭院绿化为补充，按照扩绿地、增绿量、上水平的要求，加大城市生态园林建设和"造绿"工作力度，在城市绿化及环境建设方面取得了较大成果。2007年、2009年、2012年分别划定三批永久性绿地，形成了27块总面积达272.45万 m^2 的永久保护绿地。经过多年的努力，扬州于2004年、2006年分别获得"国家园林城市"、"联合国人居奖"。2007年被列为全国首批11个"国家生态园林城市试点城市"之一。

中心城区外围有良好的自然基底，中部淮河分多条水道汇流长江，西侧丘陵叠翠，东侧田园风光、河流密布，城区向南环绕北州地区生态绿核。总规确定的两条生态廊道，扬子津生态廊道在局部区域被侵占，淮河入江水道形成的南北生态廊道也被不同程度侵占，沿河绿化不连续。沿江一体化趋势较为明显，扬州开发区西拓，仪征市向东发展，两市融合趋势明显，区域生态廊道需要提前规划控制，优化生态格局，避免城市无序蔓延。

城区内未形成网络状生态格局，城区内线性的绿地空间，主要是滨河绿地和高速公路、铁路防护绿地。滨河绿地宽度变化较大，且连续性较差，没有形成廊道。高速防护绿地连续性好，但物种多样性较差，严格意义上不能称为生态廊道。蜀冈南北向楔形绿地控制较好，但过铁路向西廊道走向和宽度并未确定。

按照《城市绿地分类标准》CJJ/T 85—2002，城市绿地分为公园绿地（G1）、生产绿地（G2）、防护绿地（G3）、附属绿地（G4）、其他绿地（G5）。至2012年底，现有公园绿地1898hm²，生产绿地约263hm²，防护绿地745hm²，附属绿地2476hm²，人均公园绿地面积为16.88㎡/人，绿地率40.85%，绿化覆盖率43.2%（表5-3）。建成区内68个新建、改建居住区绿地率均已达标，其中新建居住区绿地率达30%以上，改建居住区绿地率达25%以上，城市新建、改建居住区绿地达标率均达100%。

扬州市城市园林绿化现状技术经济指标一览表（2013年）　表5-3

序号	项目名称	数量
1	建设用地面积	132km²
2	城区人口	112.48万
3	公园绿地	1898hm²
4	生产绿地	263hm²
5	防护绿地	745hm²
6	附属绿地	2476hm²
7	其他绿地	66594hm²
8	中心城区绿地面积	5382hm²
9	人均公园绿地面积	16.88㎡/人
10	绿地率	40.85%
11	绿化覆盖率	43.20%

数据来源：扬州市园林局。

　　扬州绿地建设表现为公园绿地数量较多，绿量较大，分布较为合理，且公园各具特色，设施完善，植物种类丰富，功能较全，其中瘦西湖公园名扬四海，另有何园、个园等历史名园为公园绿地增色添彩。伴随着"国家生态园林城市"创建的步伐，近年来，扬州以宋夹城体育休闲公园等一批城市公园为代表，初步构建了城市公园体系的基本框架。公园建设为市民户外活动、休闲健身提供了丰富的空间，但仍存在着布局不均衡、品质不高等问题。扬州市委市政府提出"十三五"期间，要把大力推进公园体系建设作为"迈上新台阶、建设新扬州"的标志性工程，要加快形成公园体系建设的大格局和核心板块工程。缺少一定量的郊野公园，难以从整体上为建设用地提供生态服务功能，其中在中心城区范围内，缺少一定量的儿童专类园，绿地分布较为合理，但尚未形成完善的统一体系。需通过进一步的规划加强各个绿地之间联系，使其发挥最大的生态效益。

现有防护绿地1115hm²，主要包括沿江高等级公路防护林带、长江防护林带、西北外环线防护林带、古运河防护林带、京杭大运河防护林带、瓜州分区防护林带、宁启铁路防护林等。目前，河流防护效果较好，多样性指数高，乔木、灌木、地被合理搭配，已经局部形成了较好的防护绿地基础，形成了城市外环防护带及内部城市多个河流防护带，其中京沪高速、启扬高速等高速路周边防护绿地绿量较好，京杭大运河周边防护绿地亦起到护土固坡的良好生态作用。

附属绿地，包括道路绿地、单位绿地、居住绿地。道路绿地建设质量高，绿化效果好，绿地率高，但是从整个规划范围来看，道路绿化水平参差不齐，尚待提高；各单位、居住区建设有了长足的进步，涌现出一批花园式单位、花园式小区，但由于种种原因，其整体发展水平尚欠统一。

现状绿地游憩性和服务性较差，配套设施陈旧或不足。防护绿地防护树种较为单一，品质参差不齐，需进一步进行绿地品质提升，使其发挥最大效益。绿地内植物配置简单，树种单调，园林艺术水平不高，观赏性欠佳，缺少季相、色相和层次的变化，景观效果还不够突出。已建园林绿地中文化内涵体现不足，特色性不强。

规划区拥有一定的其他绿地，群落结构不完整，需要增加生态绿地的面积，进行合理的林相改造，使植被建立更好的种间关系，实现整个城市生态系统的稳定。

第6章

扬州城乡绿地
生态网络的构建基础分析

6.1 扬州城乡绿地生态网络构建资源解读

6.1.1 自然生态资源

1. 大气环境

近年来，由于资源能源消耗持续增长，人口不断攀升，机动车保有量不断增加，扬州市空气质量污染严重，雾霾发生率明显增多，2013年扬州全市出现霾日158天，较常年偏多2～5倍，创历史新高。

2012年，扬州全市空气中二氧化硫（SO_2）浓度年均值在0.019～0.027mg/m³范围内，其中，市区为0.027mg/m³；二氧化氮（NO_2）浓度年均值在0.013～0.034mg/m³范围内，其中，市区为0.034mg/m³；可吸入颗粒物（PM10）浓度年均值在0.041～0.103mg/m³范围内，其中，市区为0.095mg/m³（图6-1）。扬州市二氧化硫、二氧化氮年平均浓度符合《环境空气质量标准》GB3095—2012二级标准浓度限值，除高邮以外其他城市可吸入颗粒物的年平均浓度都达标[80]。扬州市区降尘浓度每月6.57 t/km²，尚处于本地区环境质量标准之内，但发展趋势不容乐观。

2. 水资源

扬州市当地水资源总量偏少，多年平均水资源总量20.25亿m³，丰水年、平水年、一般干旱年、特殊干旱年设计年水资源总量分别为29.93、17.31、10.27、4.09亿m³（表6-1）。2012年扬州市水资源总量为15.38亿m³，其中地表水资源量10.80亿m³，浅层地下水资源量4.81亿m³。扬州市地跨江淮两大流域，其中淮河流域地表水资源量为9.27亿m³，占全市地表水资源量的85.83%；长江流域地表水资源量为1.53亿m³，占全市地表水资源量的14.17%。人均水资源占有量373m³，仅为全国人均水资源占有量的15%，属

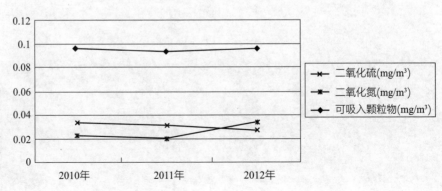

图6-1 市区近三年空气主要污染物变化趋势图

数据来源：2010～2012年扬州市环境状况公报。

扬州市总水资源表   表6-1

	总水资源 （亿m³）	地表水 （亿m³）	地下水 （亿m³）	差值 （亿m³）	年降水量 （亿m³）
2006	20.36	12.10	10.37	2.11	61.49
2007	8.58	2.25	8.22	1.89	47.34
2008	15.14	7.86	9.17	1.89	60.43
2012	15.38	10.80	4.81	5.99	59.9

数据来源：2006～2012年扬州市统计年鉴。

于水资源缺乏地区。扬州年总用水量48亿m³，现有水量已制约着未来扬州经济发展[81]。

扬州地跨江淮两大水系下游，境内江河纵横、湖沼密布，湿地资源十分丰富。扬州水体由46条主要河流、3个较大湖泊、许多湖荡与池塘等水体生态系统组成。京杭大运河和淮河入江水道纵贯南北，新通扬运河及仪扬河横穿东西。长江扬州段80.5km，京杭运河扬州段全长143km，全市水域面积2031.4km²，占扬州市全部面积的30.82%，是扬州工农业生产主要的自然资源。

从水系连通情况来看，扬州市具有独特的水系连通格局（图6-2）。从大的水系格局来看，长江与淮河连通，长江和运河、里下河互通，沿江水系与长江互通。特别是，古运河是连接扬子江和淮河的河流系统，在正常年份，淮河高邮湖、邵伯湖能够确保古运河与城市生态系统的基本水资源。从城区内部水系来看，东部城区处于古运河与京杭大运河之间，七里河、横沟河等河道沟通了古运河和京杭大运河；古

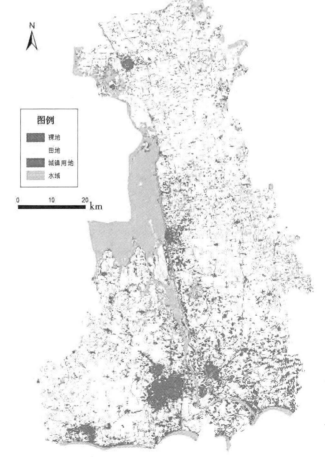

图6-2 扬州市水面连通性

运河古部地区水系主要通过古运河上端实施补水，基本满足了该片区活水需求；京杭大运河以东片区主要引大运河水，自西向东自排入廖家沟；江都城区和通南地区西引芒稻河水，向东自排，形成了"西引东排"格局。

扬州市流域和区域骨干水源地水质总体良好，但部分河道水质不能稳定达标，随着城市化和工业化进程加快，城区和城郊结合部部分河道水质变差，少数河道出现黑臭现象。此外，部分区域水系连通性弱化，湿地萎缩，河流动力不足，导致环境容量下降，水生态多样性退化。根据《扬州市水资源公报》，2012年扬州市对境内5座湖泊、1座水库、47条河流开展了水质监测。监测结果显示，全年Ⅱ类及Ⅲ类水质分别占总站次44.5%和23.5%，主要分布在长江、入江水道、京杭大运河、湖泊、水库及新通扬运河；Ⅳ水质占15.0%，主要分布在部分城区及少数农村河段，超标指数主要为溶解氧和氨氮；Ⅴ类及劣Ⅴ类水质共占17.0%，主要分布在城区及城区附近河段，超标指数主要为溶解氧、氨氮、高锰酸盐指数和五日生化需氧；非汛期水质优于汛期水质。

3. 湿地

扬州地处长江流域和淮河流域交汇区域，境内河道纵横，湖泊众多，水网密布，自然湿地类型多、面积大。全市现有湖泊湿地（高邮湖、邵伯湖、白马湖、宝应湖等）、河流湿地（长江、高水河、三阳河等）、沼泽湿地（草本沼泽）、人工湿地（鱼塘、水库、运河等）等类型，面积较大的共有131处，其中湖泊湿地6处、河流湿地112处、沼泽湿地3处、水库湿地10处[82]。全市共有湿地14.1669万hm²（水稻田除外），占全市国土面积21.35%，其中自然湿地（包括湖泊湿地、河流湿地、沼泽湿地）7.8416万hm²，占湿地总面积55.35%，占全市国土面积11.82%；人工湿地6.3253万hm²，占湿地总面积44.65%，占全市国土面积9.53%（表6-2）。高邮湖是扬州市最大的自然湿地，也是江苏省第三大、全国六大淡水湖，总面积7.6万hm²，其中扬州境内有4.25万多hm²。

从湿地类型来看，扬州现有湖泊湿地5.0203万hm²，占湿地总面积35.44%；河流湿地2.661万hm²，占湿地总面积18.78%；沼泽湿地0.1603万hm²，占湿地总面积1.13%；库塘湿地0.1274万hm²，占湿地总面积0.90%；人工河流湿地（运河、输水河）1.4299万hm²，占湿地总面积10.09%；水产养殖场4.768万hm²，占湿地总面积的33.66%（图6-3）。

从湿地生态区位价值上来看，扬州是国家重点工程——南水北调东线工程的源头，长江是取水源，京杭大运河和三阳河是输水通道；境

序号	湿地类型	湿地型	面积（hm²）	湿地类面积（hm²）	比例
1	湖泊	永久性淡水湖	50203	50203	35.44%
2	河流	永久性河流	20192	26610	18.78%
		洪泛平原湿地	6418		
3	人工	库塘	1274	63253	44.65%
		运河、输水河	14299		
		库塘	47680		
4	沼泽	草本沼泽	1523	1603	1.13%
		森林沼泽	80		
总计				141669	100%

数据来源：扬州市林业局，扬州市2010年湿地资源调查报告。

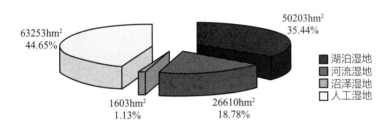

50203hm²
35.44%

63253hm²
44.65%

1603hm²
1.13%

26610hm²
18.78%

■ 湖泊湿地
■ 河流湿地
■ 沼泽湿地
□ 人工湿地

图6-3 扬州湿地类型比例构成图

数据来源：扬州市林业局，扬州市2010年湿地资源调查报告。

内重点湿地多、面积大，重点湿地达6.84万hm²，高邮湖是国家重点湿地，邵伯湖、宝应湖、白马湖、长江、京杭大运河等是江苏省重点湿地；高邮湖、邵伯湖、宝应湖是淮河入江水道，具有重要的行洪、蓄洪功能。

丰富的湿地资源为野生动物提供了良好的栖息地。全市野生鸟类约有160多种，其中国家一级保护鸟类就有东方白鹳、大鸨、丹顶鹤、中华沙秋鸭等。同时湿地开阔的水域和丰富的生物多样性支撑了渔业的持续发展。以高邮湖、邵伯湖、宝应湖为例，湖内鱼类共有16科46属63种，其中鲤科37种，主要经济鱼类有鲤、鲫、鳊、青、草等20余种，最高年产量达1040t。湿地植物区系包括高等植物160余种，隶属55科。其中蕨类植物4种，隶属3科；裸子植物4种，隶属4科；被子植物160种，隶属51科，其中单子叶植物64种，隶属11科；双子叶植物92种，隶属37科。

扬州湿地还具有"四水"开发基础较好的特点。"四水"即水禽、水产品、水生经济作物和耐水林木。水禽方面，有著名的扬州鹅和高邮鸭，高邮鸭系列产品畅销全国；水产品方面，扬州境内河湖众多，盛产鱼、虾、蟹、珍珠等水产品，年产水产34万t，是全国闻名的"鱼米之乡"；水生经济作物方面，主要产荷藕、慈姑、荸荠、菱角、芡实、水芹等，其中宝应县是著名的"荷藕之乡"，其生产的荷藕产品，出口到日本等国；耐水林木方面，扬州市从20世纪80年代初，利用水杉、池杉、落羽杉、杨树、柳树、杂交柳、杞柳等耐湿树种，在里下河地区大力营造生态林和速生丰产林，同时利用湿地资源优势，开展林水（水生作物）、林鱼、林农、林经复合经营，其林水、林鱼复合等湿地可持续经营利用模式深得国内外生态、经济学家好评，获得了良好的生态、经济和社会效益。

近年来扬州市的湿地面积有所增加，突出表现在先前部分的裸地逐步地被稻田荷塘等人工湿地代替，湿地总面积增大。目前，扬州市重要湿地保留率在95%以上，其中市域西侧的淮河下游入江通道和京杭大运河、南侧的长江扬州段湿地保留率达到98%以上。里下河地区湿地面积变化最为明显，主要体现在人工湿地（水田和荷塘）水面面积增加，其主要原因是随着地区社会、经济和人口的发展，耕地需求量增加，大片的裸地被开发成人工湿地。但这种围垦种植、挖塘养鱼，使天然湿地减少，生态环境功能趋于退化，给行洪蓄洪、灌溉用水也带来了一定影响（图6-4、图6-5）。

4. 森林植被

据2010年扬州市森林资源规划设计调查报告显示，扬州全市土地总面积663400hm^2，其中林业用地面积83636.11hm^2，占12.61%。

在林业用地中，有林地面积67706.37hm^2，占80.95%；灌木林地5343.14hm^2，占6.39%；未成林造林地面积6574.92hm^2，占7.86%；苗圃地面积2605.47hm^2，占3.12%；无立木林地面积34.71hm^2，占0.04%；宜林地面1365.65hm^2，占1.63%；辅助生产林地5.85hm^2，占0.01%（图6-6）。

在有林地中，乔木林地面积67308.9hm^2，占99.41%；竹林面积397.47hm^2，占0.59%。在灌木林地中，国家特别规定灌木林地面积3810.2hm^2，占71.31%；其他灌木林地面积1532.95hm^2，占28.69%。在无立木林地中，采伐迹地面积34.71hm^2。在宜林地中，宜林荒山荒地749.06hm^2，占54.85%；其他宜林地616.59hm^2，占45.15%。

图6-4　1995年扬州市湿地分布图
资料来源：扬州市林业局，扬州市湿地资源调查报告。

图6-5　2009年扬州市湿地分布图
资料来源：扬州市林业局，扬州市湿地资源调查报告。

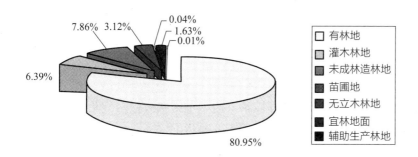

图6-6　林地面积结构图
资料来源：扬州市林业局，扬州森林资源规划设计调查报告。

　　扬州全市森林覆盖率10.78%，林木绿化率14.86%。但扬州市森林资源空间分布极不均衡，森林覆盖率最高的维扬区（16.37%）比最低的广陵区（6.04%）高出10.33个百分点，林木绿化率最高的维扬区（19.59%）比最低的广陵区（10.36%）高出9.23个百分点。各县（市、区）森林覆盖率排序与林木绿化率排序并不完全对应，也说明各县（市、区）不同地类的结构比例和四旁绿化力度存在较大差异（表6-3）。

单位	森林覆盖率（%）	排序	单位	林木绿化率（%）	排序
维扬区	16.37	1	维扬区	19.59	1
仪征市	14.81	2	仪征市	18.26	2
宝应县	12.51	3	邗江区	16.28	3
邗江区	11.95	4	宝应县	15.39	4
开发区	11.34	5	江都市	15.47	5
江都市	9.61	6	开发区	13.83	6
高邮市	7.93	7	高邮市	12.03	7
广陵区	6.04	8	广陵区	10.36	8

注：2011年11月13日，新规划后的扬州市区撤销县级江都市，设立扬州市江都区，以原江都市行政区域为江都区行政区域；将扬州市邗江区的李典、头桥、沙头、杭集、泰安5个镇并入扬州市广陵区；撤销扬州市维扬区，将原维扬区的行政区域与划出5个镇的邗江区合并。
资料来源：扬州市林业局，扬州市森林资源规划设计调查报告。

扬州市森林资源总量有所增加，但是乔木林以中幼龄林为主，幼、中龄林面积占林分面积的93.14%，幼、中龄林蓄积占林分蓄积的86.72%，林龄结构低龄化问题依然突出。同时也反映扬州市木材加工企业原料供应紧张，资源超前采伐利用。按照林层结构划分，扬州全部是乔木单层林，按照群落结构划分全为简单结构，乔木纯林面积占乔木林总面积的83.98%，纯林面积占绝对比重。单层林、简单结构和树种的单一现状决定了扬州森林资源生态效益低下，尚不能满足社会经济发展对森林生态效益的需要。

5. 重要生态功能保护区

扬州市重要生态功能保护区或生态敏感区较多，共有重要生态功能保护区84个，且均已划定为生态红线范围，主要包括三大区域——自然保护区核心区、饮用水源一级保护区和重要湿地（湖区）核心区。总面积为1477km^2，占市域面积的22.41%。其中禁止开发区面积154km^2，占市域面积的2.34%；限制开发区面积1232km^2，占市域面积的20.07%，其分布情况如图6-7。重要生态功能保护区保护目标涉及湿地生态、森林生态、野生动植物等多个方面。

6.1.2　文化景观资源

扬州城市伴水而生，因水而盛，临长江、接淮河，京杭大运河贯穿城市内部，境内河湖广布，形成了人文地理上具有典型江南文化特征的

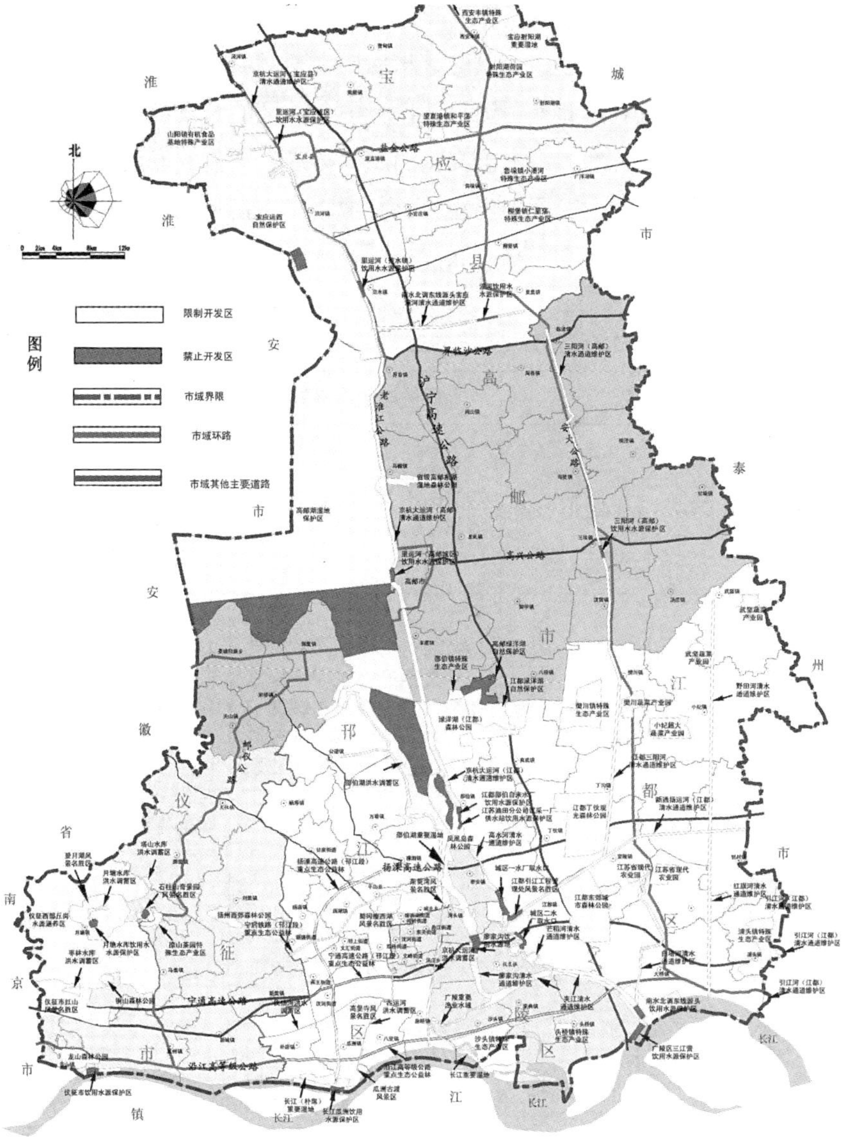

图6-7 扬州市重要
生态功能保护区图
─────────────
资料来源：扬州市人
民政府，扬州市水生
态文明城市建设实施
方案。

扬州文化。将城乡绿地生态网络与扬州特色文化相结合，作为传承悠久
历史与文化遗产的重要载体，发挥其特有作用，为城市文化品位提升打
下坚实的环境基础。

　　扬州文化作为扬州城市的灵魂，随着现代化的快速发展，文化不再
是曲高和寡，而逐渐通过不同方式走进百姓身边，并逐渐开放创新。因
此在概括分析扬州文化特色的基础上，整合城市空间景观资源，进一步
推进其与现代文化的交融，深化与城乡绿地网络的关系，充分把握不同
绿地景观的文化个性，营造出极具地方风貌特色的绿地景观。

随着京杭运河的申遗成功，扬州运河文化作为其文化核心，需要在维护保留的基础上以新形式加以彰显与发扬，通过城市绿地等多方面来展现运河古城的风貌。此外，江都区作为中心城区的新成员，是未来文化发展与交融的新天地，将本土文化的发掘与现代文化的发展相结合，为扬州整体文化风貌的发展提供动力。归纳起来，扬州城市的文化景观资源特色可以用"古、文、水、绿、秀"五个字来概括（表6-4）。

扬州市文化景观特色一览表 表6-4

分类			特色	保护与塑造措施	备注
古	扬州城遗址	唐代扬州城垣、宋三城垣（宋大城、宋夹城、宋宝祐城）、明清城	逐水而城、历代叠加	2008年大遗址保护规划编制	1996年被公布为"第四批全国重点文物保护单位"
	历史城区	老城区（明清城）	双城街巷体系；"河城环抱、水城一体"的特征	1992跳出古城建新城；完善全覆盖的古城保护规划体系；建立推进古城保护的工作机构；降低古城区人口密度，改善居住条件，提高居住质量	整体全面保护古城；1982年扬州被列为"首批国家级历史文化名城"；2006年因在古城保护方面的成就荣获"联合国人居奖"，得到国内外专家的肯定
	历史遗存	历史街区、盐商住宅、名人祠堂故居、古寺庙、古园林、老字号、古树名木等	丰富的文物古迹，据2002年统计，先后经政府公布的各级文物保护及控制单位有167处，其中国家级4处，省级18处	2007年编制《扬州市城市紫线控制规划》	—
文	地方文脉	扬州学派	以文学训诂、文献校对、历史考据等为主要研究对象	阮家祠堂被列入全省急需抢救保护的十大名人故居之一，并将在此建成扬州学派纪念馆	以王懋竑、王念孙、王引之、汪中、焦循、阮元等为代表的学派
		扬州八怪	富于原创性，反对模仿；重视人品、思想、学问、才情对艺术创作的影响；诗、书、画、印"四绝"，追求创新；重视艺术传统的学习	设立宣传和弘扬扬州八怪艺术成就的扬州八怪纪念馆，陈列有"八怪"书画及扬州书画家代表作，供游客品赏	对近现代艺坛影响甚大，写意花鸟画从"八怪"以后发展为画坛主将，执画界的牛耳
		扬州佛教	佛教由汉代传入扬州，隋代兴盛；扬州佛教促进中日交流	中国扬州佛教文化博物馆、鉴真学院和鉴真图书馆的落成；大明寺、高旻寺扩建重建；栖灵塔、天中塔先后落成；观音山禅寺、旌忠寺、法海寺、文峰寺面貌一新、原貌凸显	唐代，鉴真大师六次东渡，把盛唐文化传播到日本，为中日友好做出贡献

	分类		特色	保护与塑造措施	备注
文	地方文脉	盐商文化	构建园林别业,建设城市;延致名士,结社吟诗,主持诗文之会;刊刻、贮藏图书;建书院、学校,兴学造士,养育人才;提倡与支持戏剧文化;扶贫济困,反哺社会	2004年修缮复建卢氏盐商住宅、南河下盐商住宅聚集区	扬州盐商为扬州在清代的繁盛和辉煌做出了独特的贡献,提高了扬州在全国经济文化的地位
		扬州书院	以安定、梅花书院为代表;提倡实学,主张"经世致用";发展扬州藏书、刻书事业	1990年将梅花书院的房屋长廊原貌翻新,砌磨砖门楼,目前为扬州职业技术学校;梅花书院是扬州唯一尚存的书院遗迹,2009年政府决定就地筹建扬州书院展览馆	推动了扬州学派形成与壮大
	民众生活	扬州烹饪	淮扬菜肴博采众长、兼收并蓄,集"东楚淮扬风味"于一身,重"选料与技法"为一体,形成了"咸甜适度、南北皆宜"的鲜明特色;以富春茶社为代表的扬州面点品类繁多;有2000年历史的扬州酱菜具有鲜、甜、脆、嫩四大特色	扬州是全国第一次创办烹饪学院的城市,国家教育部全国职业教育烹饪培训基地、江苏省烹饪研究所、《中国烹饪研究》杂志社、《中国烹饪信息》编辑部、全国党校系统烹饪培训中心等机构均长驻扬州	四大菜系之一的淮扬菜荣膺东南美食中心宝座;扬州炒饭流行全世界;扬州酱菜多次获国内、国际大奖
		扬州沐浴	专业特点鲜明;文化底蕴深厚;设施安全舒适	2002年成立了扬州沐浴协会;建设"扬州沐浴网";颁布实施《扬州沐浴服务规范》;对沐浴技工考核颁发证书	扬州"三把刀"之一的修脚刀闻名遐迩;形成沐浴产业
	民间工艺	扬州雕版印刷	运用传统工具手工操作,整理、雕刻、出版了一大批珍贵古籍。广陵古籍刻印社是全国唯一全面掌握纯手工雕版印刷技艺并运用于古籍生产的单位,被誉为"江苏一宝"	2005年中国雕版印刷博物馆在扬州建成	2009年入选世界人类非物质文化遗产代表作名录,扬州首个入选世遗项目
		扬州漆器	扬州漆器现有装饰工艺有"雕漆"、"雕漆镶玉"、"点螺"等十大类	扬州漆器厂成为全国旅游生产定点企业,还设有扬州工艺美术馆、扬州工艺品市场、扬州漆器市场,成为集旅游、购物为一体的旅游景点	2004年扬州漆器被国家质量监督检验检疫总局列为原产地域保护产品;2006年入选国家级非物质文化遗产名录
		扬州玉器	在题材及雕琢技法上均有独特风格,尤其是仿古玉动物	2006年成立扬州玉器工艺品市场	2006年入选国家级非物质文化遗产名录

分类			特色	保护与塑造措施	备注
文	民间工艺	扬州剪纸	具有优美、清秀、细致、玲珑的艺术风格和地方特色	汪氏小苑后花园原址建扬州剪纸艺术博物馆	2006年入选国家级非物质文化遗产名录
		扬州彩灯	集纸扎、装裱、剪纸、书画、诗文、木刻为一体的艺术品	扬州工艺品厂设立彩灯制作中心	2006年入选省级非物质文化遗产名录
		扬派盆景	扬派盆景融"诗、书、画、技"为一体，堪称中国盆景艺术代表作。剪扎技艺"层次分明、严整平稳"、"一寸三弯"	20世纪80年代，扬州市园林局在"西园曲水"、"卷石洞天"两名胜遗址筹建扬州盆景园，后更名为扬派盆景博物馆；扬州的盆景专业工作者有关盆景技艺的著述	扬派盆景为中国盆景五大流派之一；2008年入选国家级非物质文化遗产名录
		扬州八刻	扬州八刻是久负盛名的扬州民间雕刻工艺的总称。通常是指木刻、竹刻、石刻、砖刻、瓷刻、牙刻和刻纸、刻漆等八种工艺	成立扬州八刻研究会	在同一地域同时拥有众多雕刻品种且历史悠久在全国名城不多见
		扬州叠石	石材丰富多彩，擅长小石包镶，崇尚铁壁假山，多以挑飘造势	出版《叠石造山》	叠石三大流派之一
	传统演艺	扬州评话	扬州方言徒口讲说表演；表演讲求细节丰富，人物形象鲜明，语言风趣生动	—	2006年入选国家级非物质文化遗产名录
		扬州清曲	持传统坐唱形式，人手一件乐器，乐器为丝竹管弦和打击乐	成立扬州市扬州清曲研究室	扬州清曲是江苏既古老又有影响力的曲艺之一
		扬州扬剧	以"花鼓戏"和"香火戏"为基础，吸收扬州清曲、民歌小调	—	2006年入选国家级非物质文化遗产名录
水	水系格局		扬州城市位于长江、淮河水系交汇处，"襟江枕淮"，中盘腹地含宝应湖、高邮湖、邵伯湖，京杭大运河纵贯南北	积极保护长江、运河沿线生态湿地，划定生态保护区；建设扬州水文化博物馆	—
	古运河		古邗沟遗址保存良好；漕运的中转站；两淮盐的集散地；水运通航设施的博物馆；生态环境最佳的古运河游览线	古运河两岸风貌整治；引入活水改善水质；打通古运河水上游览线	大运河申遗的牵头城市
	完整的城河水系		形成完整的唐城、宋城、明清城水系	贯通瘦西湖、宋夹城河、保障湖等水系，形成长达20km的环城水上游览线；把二道河、漕河等水道与古运河相连	—

	分类	特色	保护与塑造措施	备注
水	国家水利枢纽	国家南水北调东线工程的源头，长江水北调水利枢纽工程，中国最大的引江枢纽工程	形成以水利枢纽为主题，以水上桥、桥边闸、闸连堤、堤做路、路沿河、河环绿为主要特色的滨江水利城市新景观	—
绿	郊野滨水公园	拥有水、湖、岛、林等自然要素，有良好的生态湿地景观	编制《扬州市绿地系统规划》《扬州市城市绿线控制规划研究》等规划；划定生态保护区	—
	城区内多条带状公园	路、河、建筑的传统格局和空间尺度感好	—	—
	植被树种	琼花自古有"维扬一株花，四海无同类"的美誉；扬州市树柳树，自古被文人诗人诵咏	琼花评为扬州市花	—
秀	城市尺度	瘦西湖天际线20年未变；扬州古城建筑高度控制好	—	—
	扬州小巷	扬州小巷沉稳持重		
	扬州民居	门楼雄浑健劲；墙体浑厚古朴；屋面富韵律感；平面布局规整严谨；空间组合深邃灵活；构架挺健、装修对称和谐		
	古典园林	瘦西湖——湖面瘦长，蜿蜒曲折，"十余家之园亭合而为一，联络至山，气势俱贯"	2002年瘦西湖活水工程竣工，污水截流及河道整治清淤全面完成；注重周边环境的协调，严格控制视野范围内的建筑高度、体量、色彩	瘦西湖为我国湖上园林的代表；1988年被公布为"国家级风景名胜区"；我国4A级旅游区
		个园——江南豪宅第，竹石雅乾坤；北部竹海区，百种名竹；中部园林区，堆叠春夏秋冬的四季假山；南部明清百间住宅群，严整、豪华、气派	园内部空间与外部空间协调一致，保证无视觉污染；通过了我国、国际质量管理体系认证；双东街区旅游资源整合，个园、花局里、谢馥春将连成片整体包装	个园和颐和园、避暑山庄、拙政园并列为中国四大名园；1988年列为"第三批全国重点文物保护单位"
		何园——兼具西方建筑特色，吸收中国皇家园林和江南诸家私宅庭园之长，广泛使用新材料，吸取众家园林之经验而有所创新。园中最具特点的是复道回廊	整体保护，精心修缮	"晚清第一园"；1988年列为"第三批全国重点文物保护单位"

资料来源：结合《扬州市城市总体规划（2011～2020）》归纳。

1. 古

扬州是国家首批公布的二十四座历史文化名城之一，具有近2500年悠久历史。公元前486年（春秋战国时代），吴王夫差为了争霸中原，开邗沟通江淮，并在蜀冈上修筑"邗城"，从此开始了扬州城市的历史[83]。扬州城市的范围虽各代略有变迁（图6-8），但从汉代开始确立在蜀冈上下，运河西岸，尤其以唐代扬州城的规模为大。"扬州结构依蜀冈"的城市格局结构，是扬州古代城池建设的重要特征。扬州自古以来便与秀丽的蜀冈风光、翠绿的生态底色紧密相依。陈从周教授认为，扬州城是"研究我国传统建筑的一个重要地区，在我国建筑史上具有重要价值"（图6-9）。

扬州于1982年被公布为"全国首批历史文化名城"后，1996年国家文物局又将扬州隋唐宋城遗址公布为"全国重点文物保护单位"。扬州是我国唯一一座整座古城整体成为文物保护单位的城市。

历史城区的一批官僚、盐商的住宅和建筑遗存是构成名城风貌特色的要素；汪氏小苑、吴道台宅第、个园南部住宅和卢氏盐商住宅是展示盐商文化和城市魅力的物质载体；唐代石塔、宋代古井、元朝仙鹤寺、明代文昌阁、清代园林串点成线，是唐宋元明清各时代文化遗存的独特代表；东关街东圈门、仁丰里等历史街区以及众多历史街巷，是扬州人富有文化意蕴的传统生活的延续。老城区内现有文保单位国家级3处，省级4处，市级75处，另有市级文物控制单位9处。按性质分为五类（遗址古迹、纪念性建筑、古寺庙和教堂、名人故居以及私家园林和传统民居）。另外有较高历史价值但尚未列入文保单位的传统建筑484处（图6-10）。

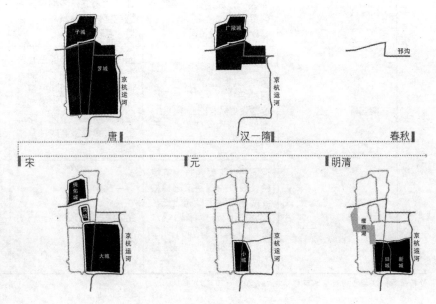

图6-8 扬州城池演变示意图

资料来源：扬州市规划局，扬州市城市总体规划专题研究（2011~2020）。

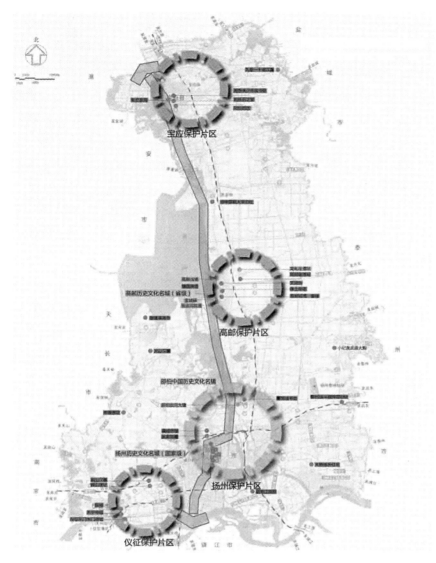

图6-9 扬州市域文化资源分布图

图6-10 扬州市中心城区文化资源分布图

虽然古城区整体格局和风貌保存较好，但物质性老化严重。1949年后，扬州遗留下的古城约5.09km²，古城的整体格局和面貌得以很好地保留下来，成为扬州市长久历史文化的实物见证。然而，随着时间的推移，扬州市古城的建筑物和设施很多已经超过其使用年限，结构破损、设施陈旧，需要维护甚至重建。古城区基础设施陈旧，居民生活环境品质较差。

2. 文

扬州历史遗存丰富。无论是历史文化古迹还是非物质文化遗产的技艺等，都真实地反映了扬州悠久的历史，丰富了现代人的物质与精神生活。

扬州文化具有开发性、综合性、创造性的特征。历史遗迹众多，文化气息浓厚，艺术品位较高。具有"雅俗共赏、南北交汇、东西兼容"的多元化特征（表6-5）。

扬州市现有列入国家级非物质文化遗产名录的项目16项（其中扬州剪纸、古琴艺术、雕版印刷技艺已列入联合国非物质文化遗产名录），江苏省级非物质文化遗产名录的项目46项，扬州市级非物质文化遗产名录的项目158项。共有非物质文化遗产国家级代表性传承人17人，省级代表性传承人58人，扬州市级传承人127人。扬州玉器厂被文化部列为第一批39项国家级非物质文化遗产生产性保护示范基地之一。

现有的问题有历史文化景点的空间封闭性，很多具有景观潜质的公共空间未被开发，而已开发的公共空间品质与城市的历史文化背景又不尽相同。新的产业和现代化企业，使一些传统的技术面临丢失的尴尬局面，当地的一些文化和艺术也后继乏人。

3. 水

扬州市是我国千年水文化的起源地，也是世界最早、国内唯一的与古运河同龄的"运河城"。地处我国最长自然河流和人工河流交界处的扬州城，承载了春秋、隋唐、明清千百年来的水运传奇故事。城

扬州市非物质文化遗产统计表（不完全）　　　　表6-5

类别	内容
民间艺术	扬剧、扬州清曲、扬州评话、扬州杖头木偶、扬州弹词、广陵派古琴艺术、扬派盆景艺术、扬州雕版印刷技术以及扬州民歌、扬州画派、扬州学派等
民间工艺	扬州玉雕、扬州漆器髹饰技艺、扬州剪纸、扬州通草花、扬州刺绣、扬州灯彩、扬州绒花、仿古青铜器、金银制品、谢馥春香粉制作技艺、大麒麟阁茶点制作技艺、扬州酱菜、扬州八刻等
民间习术	扬州"三把刀"、富春茶点制作技艺等

资料来源：扬州市规划局，扬州市城市总体规划专题研究（2011~2020）。

市依水而建，商贸缘水而兴，生活因水而闲适，文化凭水而独具特色。扬州这座城市伴水而生，因水而盛，临长江、接淮河，京杭大运河贯穿城市内部，境内河湖广布，2500多年的水文化使得扬州形成了"水城共生"的独特城市形态。春秋邗沟渠的开挖，第一次将扬州锚固于中华大地。隋炀帝开凿大运河，促进黄河流域与长江流域之间的经济和文化交流，同时使扬州成为当时重要的交通枢纽。水将扬州的名胜风景、宗教胜所、古迹遗址穿缀成线，留住了诸多文人骚客的传世佳篇。源远流长的历史、丰富的人文气息和鲜明的地域特征使得扬州的水文化独领风骚。当代南水北调东线工程又赋予扬州水文化新的时代气息（图6-11）。

图6-11　扬州市域水系格局

但伴随着城市发展，水环境也存在一定的问题：工业废水、生活污水直接排入水体，居民密集地段和城郊结合部向河中倾倒垃圾。城区水系不够完善，随着城市规模的不断扩大，原有灌排和排水系统遭到破坏，形成多处的断头河，有的断河养鱼、填河造房，使河道丧失功能，造成过水能力下降，水体自净能力消失[84]。

4. 秀

即扬州特有的秀丽湖上园林。扬州园林以"园林甲天下"成名，以个园、何园为代表的扬州园林与山水相融，区别于其他园林风格，自成一派，风格典雅秀丽，有"杭州以湖山胜、苏州以市肆胜、扬州以园亭胜"的说法[85]。

1949年以来，在城内和湖上恢复和重建了清代的许多名园，个园、何园成了"全国文物重点保护单位"，蜀冈—瘦西湖成了"国家级风景名胜区"，湖上已基本恢复了乾隆盛时"双堤花柳全依水，一路楼台直到山"的园林面貌。此外，荷花池、九峰园等处的复检，小秦淮、古运河、漕河、北城河、二道河、古邗沟等风光带和蜀冈西峰公园、曲江公园等的兴建，都在使扬州成为"国家园林城市"和营造最佳人居环境方面，发挥了卓有成效的作用。

扬州园林从布置山水、规划厅堂、点缀亭廊、配置花木等各个方面，处处显示出高超的技艺水平，建成有层次富于变化的园景。扬州地处平原，只有略具山意的坡冈，而无崇山峻岭。园林中叠山，既是园林构成的需要，又折射出一种对自然中大山的心理渴望。

扬州园林内山体形式丰富。土山、土石山、石山，以及石质的单体的立峰皆有。扬州园林叠石以湖石、黄石为主，同时，还用宣石、笋石、乌峰、灵璧石等类石材。拥有如明末计成的寤园、影园叠石，清代石涛的片时山房叠石、董道士的卷石洞天之九狮图山、戈裕良的意园小盘谷叠石等大师的作品。园林理水手法和形式都丰富多样，具有"依"、"凿"、"挖"、"隔"、"蔽"、"曲"等特色。园林配置花木上除有一般花木外，各园都有特色花木。如个园的竹、兰，何园的牡丹，琼花楼的琼花，茱萸湾公园的茱萸、芍药、梅、荷。湖上除徐园的蜡梅、玲珑花界的芍药之外，还有水云胜概的琼花，莲塘藕界以及大面积的郁金香和菊花。而卷石洞天、西元曲水、虹桥修禊园内则以布列无数扬派盆景为胜。

园林文化是城市文化的一个重要组成部分，扬州应通过对其历史名园的分析研究，有计划地复建一批古典园林，将传统技法与现代造园艺术相融合，按照生态学、文化学的理论，树立新的园林观，即由传统的"城市中园林"向"园林中城市"转化，以人为本，大造"绿杨城郭"新扬州，最终"把扬州建设成为古代文化与现代文明交相辉映的名城"。

6.1.3　市民游憩资源

扬州市有价值的市民游憩资源主要包括各级风景名胜区、森林公园、湿地公园、地质公园、自然保护区、郊野公园和城市公园。随着近年来乡村旅游与观光农业的发展，观光农业园、民俗村也在市民的休闲度假中扮演着越来越重要的角色。此外，扬州市丰富的文化遗产和水资源景观，也成为开展户外游憩活动与环境教育的重要场所。

1. 风景名胜区

扬州市地处江淮下游，水网密布，地貌多样，丘圩交错，加之人文资源丰富，风景名胜资源主要以自然与人文景观类型居多。扬州市现有风景名胜区8个，总面积约为66.67km²，大部分分布在扬州市西部、城区北部和南部，面积仅占全市总面积的1%（图6-12）。其中蜀冈—瘦西湖风景名胜区于1988年被国务院公布为"第二批国家重点风景名胜区"，是一个以古城文化为基础，以重要历史文化遗迹和瘦西湖古典园林群为特色，与扬州古城紧密相依的国家重点风景名胜区[86]。茱萸湾风景名胜区是国家AAAA级旅游区，是一座融自然风光、人文景观、花卉、植物动物观赏和现代游乐为一体的半岛生态型动植物园。江都水利枢纽风景区地处扬州东郊，是国家南水北调东线工程的源头，是集科普教育、观光

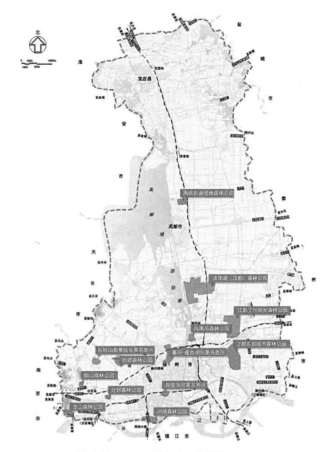

图6-12 扬州市森林公园及风景名胜区分布图

游览、休闲健身于一体，以宏伟的水利工程、丰富的自然植被、秀美的江河水景著称[87]。高旻寺风景区位于扬州"城南十五里之茱萸湾，扼三汊洪流，踞九龙真脉"之地。占地面积2km²，由高旻寺、普同塔院、扬子津古镇、古运河三景一水构成，集寺庙古建、佛教文化、水、田、码头风情于一体[88]。其他风景区还有瓜洲古渡风景区、登月湖风景名胜区、石柱山奇景园风景名胜区、仪征市红山风景名胜区等。这些风景区对开展旅游和文化教育活动、保护生物多样性、丰富扬州市民的业余生活等都具有重要的作用。但由于面积较小，风景区与其他景观游憩资源的串联性不强，造成目前只有蜀冈—瘦西湖风景名胜区使用频率较高。

2. 森林公园、郊野公园

扬州市的森林公园主要是一些林场利用当地的森林、地质、文物等景观资源，按照"以林为主，多种经营"的方针，经过多年的森林旅游尝试，逐渐发展起来。目前，扬州共有江都丁伙观光森林公园、江都东

郊城市森林公园、仪征铜山省级森林公园、扬州西郊省级森林公园、龙山森林公园等5个森林公园，总面积78.5km²，大部分分布在扬州市西部，面积占全市总面积的1.2%（图6-12）。其中，扬州西郊森林公园，又名白羊山风景旅游区，位于仪征市东北部刘集镇境内。

目前，扬州城市的森林公园、郊野公园面积比例严重不足，郊野公园、森林公园占城市面积比例仅为4.9%，与国内外发达城市的差距（深圳占35%、杭州占40%、京都占56%）还比较明显，在城市近郊地带还缺乏适量的森林公园、郊野公园来满足市民的游憩需要。另一方面，由于部分森林公园、郊野公园管理不善，局部地区还存有被侵占的现象。

3. 湿地公园

扬州市十分重视湿地保护工作，并取得了显著的成效。目前，共建成省级以上湿地公园6个，其中国家级湿地公园1个，国家级试点湿地公园1个，建成省级湿地公园4个，主要包括扬州凤凰岛国家湿地公园、润扬湿地公园、渌洋湖（江都区）湿地公园、高邮东湖省级湿地公园、扬州宝应湖国家湿地公园等，总面积70.2km²，大部分分布在扬州市北部和东部，面积占全市总面积的1.06%（图6-13）。

扬州水资源丰富，市域内部河网密度较高，邵伯湖、高邮湖、宝应湖、白马湖南北依次排开，优越的河湖水系环境使扬州城市生态环境和生物环境得到结构性完善，但对市民游憩活动而言，部分地区在满足生态保护前提下，可更多考虑市民游憩活动的需要。

4. 农业观光园

近几年来，扬州城郊地带农业旅游发展极快，农业观光示范园已成为该产业的主要载体，成为扬州市民重要的游憩资源。截至2012年，扬州共有各类观光农业园21个，包括观光农园、观光果园、观光养殖园和综合性的观光度假园（图6-14）。

其中，蒋王都市农业观光园位于扬州市邗江区蒋王街道四联、何桥、悦来3个村交界处，总投资1亿元，被扬州市批准为市级现代农业产业园区。集精品种植、生态休闲、健身娱乐、湿地公园、产业示范等特色功能为一体。扬州市星河农业生态园园区占地总面积2650亩，以现代高效农业、立体农业、生态农业和旅游农业为建设目标。

这些都是代表都市农业的产业方向和水平、具有创意农业特色的项目。从休闲形式看，主要有采摘、度假、娱乐、科普和观光等5种形式，不仅具备传统的采摘、餐饮、农事体验等功能，还有拓展、健身、商务、教育等功能，满足了现代都市人在乡村的休闲需求。

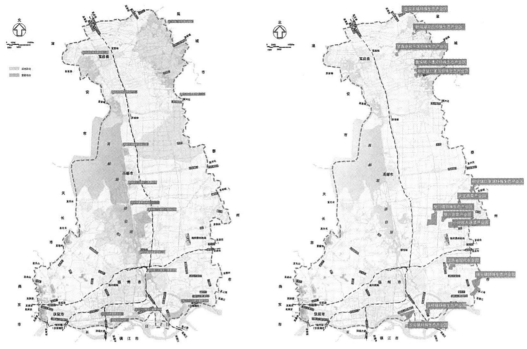

图6-13 扬州市湿地公园分布图　　　　图6-14 扬州市农业观光园分布图

5. 城市公园

至2012年底，扬州中心城区现有公园绿地面积1898hm²，人均公园绿地面积16.88m²。主要有竹西公园、润扬森林公园、瓜州公园、瘦西湖新区城市公园、曲江公园、西部分区公园、蜀岗西峰市民公园、荷花池公园、茱萸湾公园、个园、何园、扬州烈士陵园等。从公园绿地结构来看，瘦西湖新区城市公园、瘦西湖公园、蜀岗西峰生态公园、茱萸湾公园、体育公园、曲江公园、京杭大运河风光带、古运河风光带、漕河带状公园等，初步构成了城区的公园框架。街头绿地数量多、分布广，使城市面貌有了较大改变，方便市民的休憩活动（图6-15）。

其中，综合性公园16个，包括竹西公园、润扬森林公园、瓜州公园、曲江公园、瘦西湖公园、蜀冈西峰生态公园等。专类公园29个，现状面积257.07hm²，主要有河东公园、个园、何园、扬州烈士陵园等。带状公园主要包括古运河风光带、京杭大运河风光带、护城河绿化景观带、七里河林荫带、黄泥沟滨河绿带等，现状面积269.56hm²（附表B）。这些公园成为扬州市民最主要的活动游憩空间。

结合现场勘察，分析扬州现有的城市公园绿地，发现目前87%的公园绿地过于重视绿化建设，65%的滨水空间亲水性不强，缺乏相关建设

公园绿地现状一览表

序号	公园类型	数量	面积（hm²）
1	综合公园（G11）	45	4197.38
2	社区公园（G12）	19	106.09
3	专类公园（G13）	31	341.47
4	带状公园（G14）	27	200.66
5	街旁绿地（G15）	63	73.2
	合计	185	1918.9

图例
综合公园 带状公园
专类公园 街旁绿地
社区公园

公园绿地概况：
公园绿地总量较大，基础较好，主城区即中部及西部居住片区公园分布较好；已建设公园绿地之间缺乏联系，系统性不够；布局不够均衡，南部以及东南居住片区分布较不合理，居民日常休闲游憩不能得到很好地满足。
市级公园设立较为完善，规模普遍较大，而区级公园设立少；公园建设类别上不够齐全，缺乏相应的专类公园，如儿童公园、植物园、游乐公园等；街头绿地较少，道路绿化树种单一，景观效果不够丰富，特色不够明显。

图6-15 扬州市城市公园分布图

指引。在已有的公园绿地中，对功能需求的重视不足，导致休闲功能较强，儿童游乐与健身功能严重不足。在公园绿地的可达性方面（对可达性的分析，侧重日常的公共活动，5min步行距离是舒适的步行距离。5min步行距离为500m，取直线距离300m为半径。），结合GIS分析，扬州公园绿地人均面积指标较高，但总体覆盖率十分低，仅为12.53%。新建城区较好，边缘地区不足1m²/人（图6-16）。另外通过扬州现有的33个控规单元、总规及分区规划的综合分析来看，步行可达范围覆盖率也仅为53%，城区绿地网络不成体系（图6-17）。

6.2 扬州城乡绿地生态网络构建的空间景观格局分析

6.2.1 研究方法

1. 遥感影像分类方法

绿地生态网络的空间结构应与城乡的空间结构形成相互依托，这样才能有效地保护和控制城乡生态环境，对城市的可持续发展起到引导作用。在对扬州城乡绿地生态网络构建的资源解读基础上，选择不同区域尺度和地貌类型、景观类型，以2003年1月28日两期Landsat 7和2013

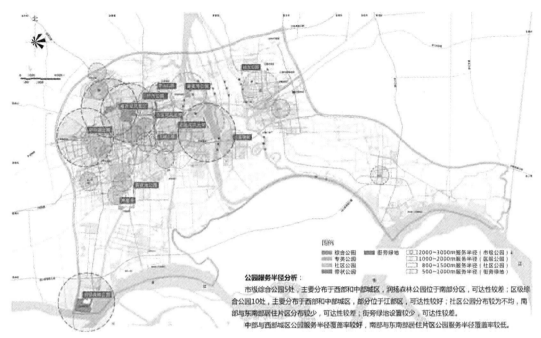

图例
█████ 综合公园　█████ 街旁绿地　☐ 2000~3000m服务半径（市级公园）
██ 专类公园　☐ 1000~2000m服务半径（区级公园）
████ 社区公园　☐ 800~1500m服务半径（社区公园）
████ 带状公园　☐ 500~1000m服务半径（街旁绿地）

公园服务半径分析：
市级综合公园5处，主要分布于西部和中部城区，润扬森林公园位于南部分区，可达性较差；区级综合公园10处，主要分布于西部和中部城区，部分位于江都区，可达性较好；社区公园分布较为不均，南部与东南部居住片区分布较少，可达性较差；街旁绿地设置较少，可达性较差。
中部与西部城区公园服务半径覆盖率较好，南部与东南部居住片区公园服务半径覆盖率较低。

图6-16　扬州市城市公园可达性分析

图6-17　扬州市各类相关规划可达范围分析

年8月11日两期Landsat 8影像为主要数据源，对遥感影像进行数据预处理，主要包括几何精校正和大气校正，借助扬州市行政边界，将遥感影像镶嵌并裁剪出研究区。结合影像地物特征信息，参考《土地利用现状分类》GB/T 21010—2017，将研究区土地利用类型划分为农田、城镇、湿地、林地、草地和裸地。分类方法采用精度高且规模小的CART决策树算法，其基本原理是通过对由测试变量和目标变量构成的训练数据集的循环分析形成二叉树形式的决策树结构。ART算法采用经济学中的基尼系数（Gini Index）作为选择最佳测试变量和分割阈值的准则。结合2010年扬州林地资源调查统计数据，分析扬州城乡绿地生态网络的景观空间格局，以期为扬州城乡绿地生态网络构建提供有力依据。

2. 景观格局评价方法

对景观格局的研究一直以来都是人们关注的热点问题之一。通过景观格局的评价分析，观察在一定的城乡历史发展尺度上，城市空间扩张尺度的变化规律。通过现有的地理信息系统技术，分析城市空间扩张引起的代表性景观格局指标变化，找出城市快速扩张形成的问题，及其对扬州城乡生态环境产生的影响。通过对一定的时间周期内土地利用的空间变化分析，为城乡绿地生态网络的构建提供科学有效的落实依据。

网络上关于景观格局的免费分析软件很多，本文主要应用的是由美国俄勒冈州立大学森林学系设计开发的Fragstats软件。Fragstats软件可从三个空间尺度上，计算一系列景观空间格局指数、斑块水平、斑块类型水平和景观水平；通常情况下Fragstats能够分析的景观指数数目繁多，但指标相互之间的相关性往往很高，在研究中很少需要所有的指标[89]。一般来说，指标选择的原则是：指标是否具有生态学意义；指标彼此是否相关；空间域的分异和时间域的演变响应对景观格局的指标是否敏感；对遥感数据分辨率是否敏感。

在全面了解所选指标的生态意义的前提下，力求以尽量少的指标来描述有关景观格局的信息。研究区域属于快速城市化地区，土地利用快速演化，各类用地频繁转换，本文针对城镇化背景下扬州陆域范围生态用地（包括：城乡绿地、林地、园地、草地、耕地以及水域）演化与破碎化研究，结合本研究区域的特点及空间尺度，选取了如下指数来分析研究区的结构组成和空间分布特征，主要包括斑块数量、平均斑块面积、最大斑块占景观面积比例、景观形状指数、周长面积分维度指数、散布与并列指数、聚集度指数、斑块结合度指数、香农多样性指数、香农均匀度指数等11个指标，具体公式及生态意义见表6-6。

名称	公式	变量解释及意义
斑块数量 NP	$NP=n_i$	n_i为i类型景观斑块数量，NP反映景观的空间格局，经常被用来描述整个景观的异质性，NP值越大，破碎度越高；反之，则破碎度越低
平均斑块面积 MPS	$MPS=a_i/n_i$	a_i为i类型景观斑块面积，n_i为i类型景观斑块数量
最大斑块占景观面积比例 LPI		LPI反映了某一斑块类型中的最大斑块占整个景观面积的比例，单位为%。其值的大小决定着景观中的优势种；其值的变化可以改变干扰的强度和频率，反映人类活动的方向和强弱，指数值越大，优势度越明显
景观形状指数 LSI	$LSI=\dfrac{P}{2\sqrt{\pi\times A}}$	P表示景观斑块类型的周长，反映景观要素斑块的规则程度、边缘的复杂程度，反映斑块形状与相同面积的圆或正方形之间的偏离程度。形状指数越大，表明斑块形状越复杂，斑块的几何形状越狭长，受到的干扰也越小
周长面积分维度指数 PAFRAC	$PAFRAC=\dfrac{\left[n_i\sum\limits_{j=1}^{n}(\ln p_{ij}-\ln a_{ij})\right]-\left[\left(\sum\limits_{j=1}^{n}p_{ij}\right)\left(\sum\limits_{j=1}^{n}a_{ij}\right)\right]}{\left(n_i\sum\limits_{j=1}^{n}\ln p_{ij}^{2}\right)-\left(n_i\sum\limits_{j=1}^{n}\ln p_{ij}\right)^{2}}$	其中a_{ij}指斑块ij的面积，p_{ij}指斑块ij的周长，n指斑块数量。PAFRAC反映了不同空间尺度的性状的复杂性，分维数取值范围一般应在1~2之间，其值越接近1，则斑块的形状就越有规律，或者说斑块就越简单，表明受人为干扰的程度越大；反之，其值越接近2，斑块形状就越复杂，受人为干扰程度就越小
散布与并列指数 IJI		IJI取值小时表明斑块类型i仅与少数几种其他类型相邻接；IJI=100表明各斑块间比邻的边长是均等的，即各斑块间的比邻概率是均等的。IJI是描述景观空间格局最重要的指标之一
聚集度指数 AI	$AI=\left[\dfrac{g_{ij}}{\max\to g_{ij}}\right](100)$	g_{ij}指相应景观类型的相似邻接斑块数量。当某类型中所有像元间不存在公共边界时，该类型聚合程度最低，而当类型中所有像元间存在的公共边界达到最大值时，具有最大的聚合指数
斑块结合度指数 COHESION		斑块结合度指数越高，斑块聚集度就越高，破碎化降低
香农多样性指数 SHDI	$SHDI=-\sum\limits_{i=1}^{m}P_i\times\ln(P_i)$	P_i为第i类景观类型所占的面积比例；m为景观类型的数目。SHDI值的大小反映景观要素的多少和各景观要素所占比例的变化
香农均匀度指数 SHEI	$SHEI=\dfrac{-\sum\limits_{k=1}^{n}p_k\ln(p_k)}{\ln(n)}$	SHEI等于香农多样性指数除以给定景观丰度下的最大可能多样性（各斑块类型均等分布）。SHEI=0表明景观仅由一种斑块组成，无多样性；SHEI=1表明各斑块类型均匀分布，有最大多样性

6.2.2 结果与分析

1. 扬州市土地利用总体变化

景观格局的动态变化研究是景观生态学研究的核心问题之一。一般通过转移矩阵的形式来表现景观格局的变化。

通过两个年份的扬州市土地利用数据构建土地利用转移矩阵（表6-7），2003~2013年扬州市共有1080.83km²土地类型发生变化，主要变化表现为农田转为城镇，10年间农田向城镇转移了911.52km²；湿地主要被城镇和农田利用，湿地有22.33km²面积被城镇占用，18.88km²转化为农田。值得注意的是，与2003年相比，研究区林地面积增加了25.5%，即10.28km²，其中以农田转入为主，有9.25km²的农田转向了林地；草地面积变化不大，仅减少了4.38km²。

2003~2013年扬州市土地利用转移矩阵　　　表6-7

2003	2013						
	湿地（km²）	城镇（km²）	农田（km²）	林地（km²）	裸地（km²）	草地（km²）	合计（km²）
湿地	1452.41	22.33	18.88	0.49	0.03	0.67	1494.81
城镇	0.00	943.81	21.06	1.05	0.62	1.31	967.84
农田	71.12	911.52	3127.13	9.25	2.36	4.27	4125.65
林地	0.09	0.10	0.36	39.71	0.00	0.00	40.27
裸地	0.06	1.42	3.17	0.02	0.06	0.01	4.74
草地	0.20	2.94	7.40	0.03	0.06	0.26	10.90
合计	1547.43	1558.58	3478.00	50.55	3.14	6.52	6644.21

2003年和2013年扬州市生态系统类型空间分布如图6-18和图6-19所示，扬州市城市生态系统类型以农田为主，城镇主要分布在南部，且10年间明显向外迅速扩张，湿地变化不大，主要分布在扬州市西部，林地、草地和裸地面积较少，多分布在扬州市西南部。

2003年和2013年扬州市土地利用类型面积统计如表6-8所示，研究区农田面积最大，2003年和2013年分别达到了41.26km²和34.78km²，约占全市总面积的62.09%和52.35%；湿地面积仅次于农田，2年间分别为14.95km²和15.47km²，占整个扬州市总面积的22.5%和23.29%。由

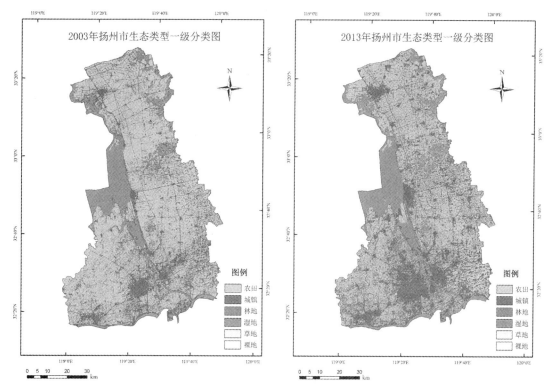

图6-18 2003年扬州市生态系统类型一级分类图
数据来源：2003年Landsat 7数据。

图6-19 2013年扬州市生态系统类型一级分类图
数据来源：2003年Landsat 8数据。

于城镇化的发展，城镇面积由2003年的9.68km²快速上升到2013年的15.59km²。而林地、草地和裸地的总面积较小，所占比例不到1%。

2003和2013年扬州市土地利用类型面积统计　　　　表6-8

土地利用	2003年		2013年	
	面积（km²）	百分比（%）	面积（km²）	百分比（%）
农田	41.26	62.09	34.78	52.35
城镇	9.68	14.57	15.59	23.46
林地	0.40	0.61	0.51	0.76
湿地	14.95	22.50	15.47	23.29
草地	0.11	0.16	0.07	0.10
裸地	0.05	0.07	0.03	0.05
合计	66.45	100.00	66.45	100.00

2. 扬州市各行政区县土地利用变化

2003年和2013年扬州市市辖区、仪征市、高邮市和宝应县生态系统类型空间分布如图6-20～图6-27所示，农田分布较均匀，但随着城镇化的发展，部分农田被城镇大面积占用；10年间城镇迅速向外扩张，分布更加集聚化，且较多分布于市辖区和仪征市这两个行政区县，且仪征市城镇发展更为迅速；湿地总面积较大，2003～2013年间，湿地变化不明显，始终贯穿于四个行政区县，且多集中在高邮市和宝应县；林地多集中在仪征市，面积较少。

2003年和2013年扬州市各行政区县土地利用类型面积统计如表6-9所示，四个行政区县的土地利用类型中农田和城镇的变化趋势一致，且幅度大，农田呈下降趋势，而城镇呈快速上升趋势。市辖区面积为

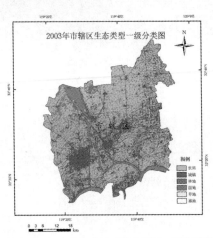

图6-20　2003年市辖区生态类型一级分类图
数据来源：2003年Landsat 7数据。

图6-21　2013年市辖区生态类型一级分类图
数据来源：2013年Landsat 8数据。

图6-22　2003年仪征市生态类型一级分类图
数据来源：2003年Landsat 7数据。

图6-23　2013年仪征市生态类型一级分类图
数据来源：2013年Landsat 8数据。

图6-24　2003年高邮市生态类型一级分类图
数据来源：2003年Landsat 7数据。

图6-25　2013年高邮市生态类型一级分类图
数据来源：2013年Landsat 8数据。

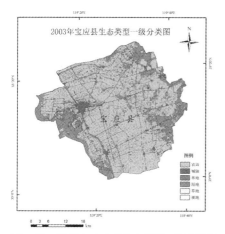

图6-26　2003年宝应县生态类型一级分类图
数据来源：2003年Landsat 7数据。

图6-27　2013年宝应县生态类型一级分类图
数据来源：2013年Landsat 8数据。

23.1km²，位列四个行政区县面积之首，其中以农田和城镇面积为主，所占比例高达80%。湿地主要位于高邮市，且由2003年的6.77km²上升到2013年的7.18km²，宝应县和仪征市面积较小，分别为14.59km²和9.04km²，林地呈上升趋势，而草地呈下降趋势。

3. 景观格局变化分析

（1）扬州市及行政区县总体上景观格局变化分析

由图6-28可以看出，扬州市域整体斑块数量减少最大，由2003年的268665下降到2013年的201550，但平均斑块面积却呈上升趋势，这说明2003～2013年间扬州整体上更加规整，破碎度下降；同时最大斑块占景观面积比例下降，景观格局优势度降低。市辖区、仪征市、高邮市和宝应县的平均斑块面积变化趋势与整体保持一致性，平均斑块面积变化

表6-9

2003和2013年扬州市土地利用类型面积统计

行政区县	年份	面积/比例	农田	城镇	林地	湿地	草地	裸地	总计
市辖区	2003	面积（km²）	13.47	5.41	0.11	4.08	0.02	0.01	23.10
		比例（%）	58.32	23.43	0.48	17.66	0.08	0.03	100.00
	2013	面积（km²）	10.91	7.84	0.13	4.19	0.03	0.00	23.10
		比例（%）	47.23	33.96	0.57	18.13	0.11	0.00	100.00
宝应县	2003	面积（km²）	9.60	1.66	0.08	3.19	0.03	0.02	14.59
		比例（%）	65.80	11.37	0.56	21.88	0.22	0.16	100.00
	2013	面积（km²）	9.19	2.05	0.10	3.24	0.01	0.00	14.59
		比例（%）	62.99	14.05	0.68	22.19	0.09	0.00	100.00
高邮市	2003	面积（km²）	11.38	1.39	0.13	6.77	0.03	0.01	19.70
		比例（%）	57.75	7.05	0.64	34.38	0.14	0.05	100.00
	2013	面积（km²）	9.16	3.17	0.17	7.18	0.02	0.00	19.70
		比例（%）	46.49	16.10	0.88	36.43	0.09	0.00	100.00
仪征市	2003	面积（km²）	6.81	1.22	0.08	0.89	0.03	0.01	9.04
		比例（%）	75.31	13.46	0.94	9.87	0.35	0.11	100.00
	2013	面积（km²）	5.52	2.52	0.10	0.86	0.01	0.03	9.04
		比例（%）	61.04	27.88	1.13	9.52	0.09	0.34	100.00

幅度较小。其中仪征市最大斑块占景观面积比例呈大幅度下降趋势，由2003年的67.0627下降到2013年的49.7215，而宝应县却由2003年的15.79大幅度上升到2013年的37.15，上升了21.36。

扬州市及各行政区县景观格局形状指数见图6-29，2003～2013年间扬州市域景观形状指数基本保持不变，市辖区和宝应县景观格局指数明显下降，分别由2003年的176.84和104.45下降到2013年的158.72和93.81，说明市辖区和宝应县景观格局斑块形状趋于简单化，受人为干扰相对较大；反之，仪征市和高邮市受人为干扰相对较小。扬州市域和四个行政区县的边缘面积分维度指数则保持一致趋势，均呈下降趋势。相比较而言，景观形状指数能更好地反映扬州市斑块形状特征。

扬州市景观格局聚集度指标如图6-30所示，散布与并列指数、聚集度指数和斑块结合度指数均能够反映扬州市景观格局斑块聚集度状况，2003～2013年间，扬州市域三个指标均呈下降趋势，以聚集度指数

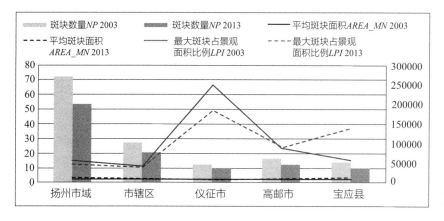

图6-28 2003年和2013年扬州市及行政区县景观格局面积指标

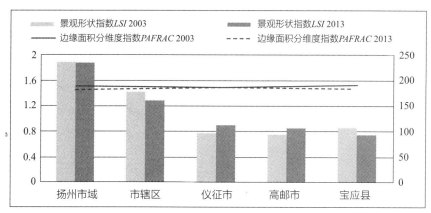

图6-29 2003年和2013年扬州市及行政区县景观格局形状指标

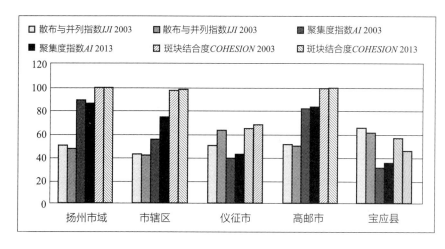

图6-30 2003年和2013年扬州市及行政区县景观格局聚集度指标

变化较为明显，下降了2.79，表明扬州市整体斑块存在公共边界减少。其中，宝应县斑块散布与并列指数和结合度下降趋势较为显著，这说明宝应县景观格局斑块聚集度降低。

从扬州市域范围上看，2003~2013年间，香农多样性指数由51.10下降到48.38，香农均匀度指数由89.84下降到87.05（图6-31），这说明整体景观要素减少，多样化降低。而扬州四个行政区县香农均匀度指数呈现上升趋势，多样性更加丰富。

（2）扬州市生态系统类型上景观格局变化分析

由图6-32可知，2003～2013年间，扬州市农田斑块数量由8184上升到33980，平均斑块面积由50.41下降到10.24，变化较为剧烈，且最大斑块占景观面积比例下降，这主要是因为农田大面积被城镇等占用，破碎化程度加强。城镇斑块数量大幅度减少，减少了约55%，且平均斑块面积上升，这说明城镇化的快速发展使得城镇更加集聚化，城镇破碎度下降。湿地、草地、林地和裸地面积指标值较小，且变化不明显。

2003～2013年间，扬州市景观格局形状指数变化趋势如图6-33所示，相比边缘面积分维度指数而言，景观形状指数能够更好地描述扬州市生态系统类型斑块形状特征，农田和林地的景观形状指数呈上升趋势，而城镇、湿地、草地和裸地却明显下降，这表明农田和林地斑块形状更加复杂化，城镇等地类斑块形状趋于规整化。

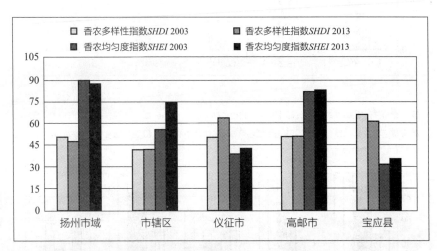

图6-31 2003年和2013年扬州市及行政区县景观格局多样性指标

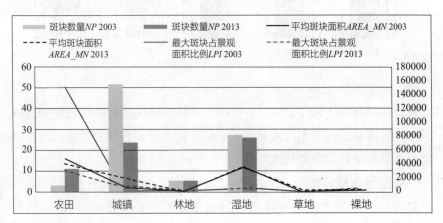

图6-32 2003年和2013年扬州市类型上景观格局面积指标

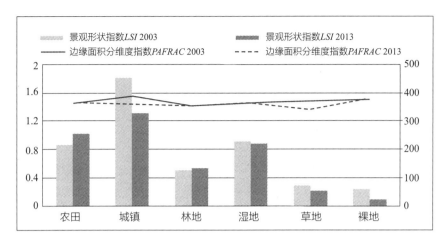

图6-33 2003年和2013年扬州市类型上景观格局形状指标

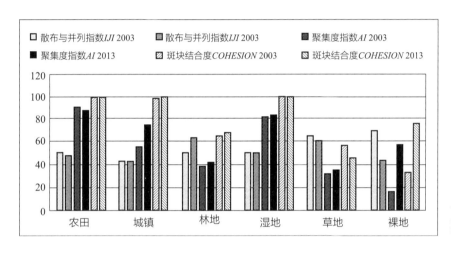

图6-34 2003年和2013年扬州市类型上景观格局聚集度指标

由图6-34可知，2003～2013年间，扬州市农田聚集度三个指标均呈下降趋势，农田分布更加分散化，而城镇的聚集度指数上升明显，由56.21快速上升到74.84，城镇集聚化程度明显加强，受人为干扰强。湿地聚集度指标变化均不明显，表明湿地受保护状况良好。

6.2.3 分析结论

2003～2013年间，扬州市土地利用类型状况明显发生改变，其中，农田、城镇和湿地面积占扬州市土地利用的99%，农田面积剧烈减少，多被城镇占用；随着城市化的发展，城镇面积急剧增长；湿地面积呈上升趋势，上升了3.5%；林地、草地和裸地面积所占比例较少，林地面积上升，草地和裸地面积呈轻微下降趋势。

2003～2013年间，扬州市整体景观格局表现为破碎度降低、斑块更加规整、集聚化加强、优势度下降和多样性降低。市辖区、仪征市、高邮市和宝应县破碎化变化趋势与扬州市整体保持一致，其中市辖区和宝应县斑块形状变得更为简单化，受人为干扰相对较强。扬州市农田分布更加分散化，城镇和湿地更加集聚化，林地、草地和裸地破碎化下降，形状更加规整，斑块聚集度上升。

在扬州市城市规划过程中，应继续加强对湿地的保护，加大对林地和草地的保护，加强城市绿地生态网络的建设，使扬州市景观格局要素增多、多样性上升，有利于扬州市城市系统更加稳定，真正实现城乡的可持续发展。

6.3 小结

扬州市区地处江淮冲积平原，除西北部与仪征丘陵交界处地势较高、地形略有起伏外，其余均为平原，适宜进行农业生产和城市建设。区内土地、水、生物资源丰富，耕地以水稻土为主，江、河、湖、荡众多，盛产鱼、虾、蟹等水产品，北部还有适量的石油、砂石矿产资源。

优质的生态环境为扬州奠定了宜居城市的基调。自古以来，水、绿资源一直是扬州城市建设的基本元素。主城北部由蜀冈—瘦西湖构成重要的生态景观片区，整个城乡形成"冈—河—湖—江"一体的生态格局，在城市边缘地区，运河环抱的湾头、泰安、邵伯，长江沿岸的沙头、瓜州都具有明显的生态优势。

深厚的文化底蕴是扬州作为历史文化名城的重要资本。扬州古代建筑、文化遗产保存的数量之众、特色之鲜明在全国都屈指可数。"两古一湖"（古城、古运河、瘦西湖）是扬州人文资源的核心，$5.09km^2$的古城传承了唐宋元明清历朝的历史文化，古运河串联起沿岸星罗棋布的景点，蜀冈—瘦西湖是扬州生态、文化完美融合的园林精品，在主城边缘及外围地区，有因汉墓文化声名远播的甘泉、京杭运河入扬州"第一湾"的湾头、春江花月夜的瓜州、列入国家级历史文化名镇的邵伯镇等人文历史名镇。

生态与人文资源的融合是扬州历经千年的演化、蜕变之后呈现出来的显著特征，也成为当前城乡城乡绿地生态网络构建最为宝贵的特色资源。但也应当看到扬州存在的一些问题：宏观层面由于缺乏对生态片区、廊道的控制要求和建设指引，造成自然开敞空间结构不清晰，城市建设侵占生态廊道现象突出；中观层面上缺乏对重点地区的控制和建设指引，古、绿、水的城市景观意象特色不够突出，新城建设控制缺乏；

片区层面上，公共空间等级不均衡，公共空间总量不足和分布不均，绿地之间的联系不紧密。

通过斑块数量、平均斑块面积、最大斑块占景观面积比例、景观形状指数、周长面积分维度指数、散布与并列指数、聚集度指数、斑块结合度指数、香农多样性指数、香农均匀度指数等11个指标对扬州市景观格局进行分析发现：扬州市城市生态系统类型以农田为主，城镇主要分布在南部，且10年间明显向外迅速扩张，湿地变化不大，主要分布在扬州市西部，林地、草地和裸地面积较少，多分布在扬州市西南部。各行政区县农田分布较均匀，但随着城镇化的发展，部分农田被城镇大面积占用；10年间城镇迅速向外扩张，分布更加集聚化，且较多分布于市辖区和仪征市这两个行政区县，且仪征市城镇发展更为迅速。四个行政区县的土地利用类型中农田和城镇的变化趋势一致，且幅度大，农田呈下降趋势，而城镇呈快速上升趋势。市辖区面积为23.1km^2，位列四个行政区县面积之首，其中以农田和城镇面积为主，所占比例高达80%。湿地主要位于高邮市，且由2003年的6.77km^{2}上升到2013年的7.18km^2，宝应县和仪征市面积较小，分布为14.59km^{2}和9.04km^2，林地呈上升趋势，而草地呈下降趋势。

扬州市及行政区县总体景观格局变化中扬州市域整体斑块数量最大，平均斑块面积呈上升趋势，10年间扬州整体上更加规整，破碎度下降；同时最大斑块占景观面积比例下降，景观格局优势度降低。市域景观形状指数基本保持不变，市辖区和宝应县景观格局指数明显下降，斑块形状区趋于简单化，受人为干扰相对较大，仪征市和高邮市受人为干扰相对较小。边缘面积分维度指数则保持一致趋势，均呈下降趋势。

扬州市景观格局散布与并列指数、聚集度指数和斑块结合度指数10年间均呈下降趋势，以聚集度指数变化较为明显，表明扬州市整体斑块存在公共边界减少。其中，宝应县斑块散布与并列指数和结合度下降趋势较为显著，这说明宝应县景观格局斑块聚集度降低。

从扬州市域范围上看，10年间香农多样性指数由51.10下降到48.38，香农均匀度指数由89.84下降到87.05，说明整体景观要素减少，多样化降低。而扬州四个行政区县香农均匀度指数呈现上升趋势，多样性更加丰富。

扬州市生态系统类型上景观格局变化中农田斑块数量变化较为剧烈，且最大斑块占景观面积比例下降，主要是因为农田大面积被城镇等占用，破碎化程度加强。城镇斑块数量大幅度减少，减少了约55%，且平均斑块面积上升，说明城镇化的快速发展使得城镇更加集聚化，城镇破碎度下降。湿地、草地、林地和裸地面积指标值较小，且变化不明显。

10年间，扬州市景观格局形状指数变化呈上升趋势，而城镇、湿地、草地和裸地却明显下降，这表明农田和林地斑块形状更加复杂化，城镇等地类斑块形状趋于规整化。农田分布更加分散化，而城镇的聚集度指数上升明显，集聚化程度明显加强，受人为干扰强。湿地聚集度指标变化均不明显，表明湿地受保护状况良好。

总体而言，扬州整体景观格局表现为破碎度降低、斑块更加规整、集聚化加强、优势度下降和多样性降低。市辖区、仪征市、高邮市和宝应县破碎化变化趋势与扬州市整体保持一致，其中市辖区和宝应县斑块形状变得更为简单化，受人为干扰相对较强。扬州市农田分布更加分散化，城镇和湿地更加集聚化，林地、草地和裸地破碎化下降，形状更加规整，斑块聚集度上升。

第7章

扬州城乡绿地
生态网络构建方案

7.1 总体思路

城乡绿地生态网络构建的基本途径包括土地适宜性和景观安全格局方法，都是强调立足于本土的深入调查分析，实现适应土地和土地之上各种自然、人文历史过程的规划。

扬州地处长三角核心区北翼，人均资源指数水平很低，土地资源的强烈约束与快速经济发展之间的现实矛盾也十分尖锐。前文1至6章对城乡绿地生态网络构建的概念、国内外案例、相关理论基础、城乡绿地生态网络构建的主要内容和体系、基于遥感影像的扬州城乡生态绿地网络构建信息提取与分析、扬州城乡绿地生态网络的景观格局分析等进行了研究。通过对扬州市景观过程的分析，结合自然、文化遗产和游憩资源的网络格局判别，在此基础上构建基于自然景观保护、游憩、文化遗产的安全格局，并分析形成最终的综合生态安全格局，然后进行综合叠加形成综合性的城乡绿地生态网络。最后，通过与扬州城市绿地系统规划进行整合，强化绿地系统从城市的附属物转变为城市的生命线保障系统，缓解巨型城市系统的熵增效应，从而实现新型城镇化过程中"以人为本"的发展理念。

7.2 建构目标

本次研究将土地看作一个有生命的系统，通过城乡绿地生态网络的构建，能够进一步协调城市发展用地、农业用地及生态保护用地等各种土地利用之间的关系，优化城乡空间尺度上的防护体系和绿地生态网络系统，引导扬州城市未来的发展。具体目标包括以下三个方面：

目标一：通过划定自然开敞空间塑造可持续发展的城市形态，建立健康的自然景观网络系统，体验城乡自然生态空间；

目标二：通过建立丰富的乡土遗产系统，构建人文遗产廊道系统，强化灵秀精致的扬州意象，领会城市文化底蕴；

目标三：通过建立连续的休闲游憩体验系统，完善市民游憩网络空间，满足居民活动需求，享受城市品质生活。

7.3 自然景观保护的城乡绿地生态网络构建

生态红线是在对城乡生态空间、城乡发展空间大量研究基础上的划定，作为构筑城乡生态安全格局实现城乡可持续发展的基本生态底线，代表的是一种战略性的保护途径，更加强调自然保护与建设行动的汇合。划定生态红线更需要加强与土地利用总体规划、城镇体系规划、城乡绿地系统规划等相互协调，共同形成合力，增强生态保护效果，维护生态系统的科学性、完整性和连续性[12]。生态红线划定区域应当对应于相应空间上，城乡绿地生态网络构建指导思想与生态红线所包含的内涵有一致性。因此，结合生态红线区，通过生态网络的构建，也更有利于明确已划生态红线的控制内容、控制指标以及实施要求等。

根据扬州自然地理特征和生态保护需求，结合扬州市国民经济发展规划、环境保护规划和各部门专项规划等，在江苏省和扬州市生态红线区域保护规划基础上，把生态红线区整合到城乡绿地生态网络的体系中。生态红线的划定与城乡绿地生态网络的构建整合，可恢复和提高区域自然生态系统的服务功能，应对未来城镇化发展的不确定性，使立足于生态红线的城乡绿地生态网络与城镇功能区的空间耦合表现为一张弹性的网，成为确保扬州生态安全的底线，对保护城市生态环境，反映城市景观格局[12]，引导城乡空间形态的发展以及建设用地的产业布局起积极的调控作用。

7.3.1 网络核心斑块源的选择与确定

核心斑块源的选取主要考虑生态斑块的景观类型、斑块面积、植被覆盖度、受保护等级、生态功能和空间分布格局等多方面因素。扬州市重要生态功能保护区或生态敏感区较多，共有重要生态功能保护区84个，且均已划定为生态红线范围，主要包括三大区域——自然保护区核心区、饮用水源一级保护区和重要湿（湖区）核心区。总面积为1325.2km²，占市域面积的20.11%。其中，禁止开发区面积154km²，占市域面积的2.34%；限制开发区面积1323km²，占市域面积的20.07%。重要生态功能保护区保护目标涉及湿地生态、森林生态、野生动植物等多个方面。

本文参考江苏省和扬州市生态红线区域保护规划，选取了20个生态单元地块作为一级核心斑块，包括10个县级以上饮用水源保护区、2个乡镇级饮用水源保护区（高邮三阳河、邵伯镇高水河）、4个市县级自然保护区核心区（江都渌洋湖自然保护区、宝应运西自然保护区、高邮湖自然保护区、高邮渌洋湖自然保护区）、3个风景区（蜀岗—瘦西湖风景区、江都引江水利枢纽、仪征石柱山风景区）、1个重要湿地核心区（邵伯湖湿地公园）。44个生态单元作为二级斑块点，包括5个森林公园、6个风景名胜区、11个饮用水源保护区、7个重要湿地、1个重要渔业区、5个湿地公园、9个有机农业产业区等（图

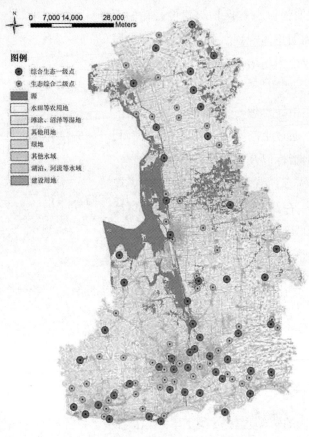

图例

综合生态一级点
生态综合二级点
源
水田等农用地
滩涂、沼泽等湿地
其他用地
绿地
其他水域
湖泊、河流等水域
建设用地

0 7,000 14,000   28,000
                   Meters

图7-1 扬州市主要生态网络源分布图

7-1），具体斑块名称详见附表A。

7.3.2 廊道的识别和网络的构建

面对当前新型城镇化的环境压力，扬州需要通过建立有效的生态廊道，为未来城市的良性发展建立生态安全的保障。扬州市域包含的风景名胜区、自然保护区、森林公园、湿地资源较多，具有极佳的风景价值和极高的生态价值，若能从相对集中的景区开始建立廊道联系，可切实发挥水源涵养、防灾减灾、生态维护等功能，强化市域、规划区和中心城区的生态联系，提高城乡生活品质[90]。

根据第6章对扬州城乡自然生态资源的解读，结合市域范围内的空间景观格局分析，在扬州中心城区与市域、规划区之间通过建立绿色廊道来缓解城市内部的生态环境压力。现有的郊野公园在扬州城市近郊区域还未成体系，需要结合现有的生态资源，构建城乡生态网络连接的重要节点，完善廊道的串联体系。基于自然景观保护的城乡绿地生态网络是由核心斑块间不同土地利用类型的斑块适应性和景观阻力所决定。由于包含自然景观的各类绿地资源数量多，类型复杂多样，景观运行的阻力因子较多。设定一系列恰当的阻力值可能是绿地生态网络构建最重要的瓶颈之一。对于生态红线划定区域而言，这些区域也是相关生物的重要栖息地，因此，可通过相关物种栖息地廊道的识别构建来判别生态网络。扬州市典型的珍稀物种有东方白鹤、天鹅、中华秋沙鸭等，通过查阅各类文献可知影响这种类型的生物选择栖息地的因子有：

（1）土地利用/覆盖类型：这些物种最适宜的栖息地包括溪流、稻田、滨水沼泽地等浅水域，以及周边高大乔木林地。

（2）地势因子：距水源距离及海拔高度。在划分海拔高度中，按照扬州自然地理划分，分别有平原区、低山区、中山区，又结合扬州市山地植被的垂直分带进行划分。

（3）人为活动干扰强度：水禽类动物大多喜欢在远离人的环境中摄食、活动。人为活动干扰强度可以用建成区距离衡量，据建成区距离越近，人为活动对水禽的干扰越强，反之越弱，越适宜水禽类动物的生存[91]。

根据以上分析，为不同的评价因子确定相应的权重和分值（表7-1）。

基于自然景观保护的城乡绿地生态网络构建的阻力权重表　　表7-1

评价因子	分类或分级	分值（0~10）	权重
土地覆盖类型	农田	6	0.5
	建设用地	8	
	绿地	5	
	河流、湖泊、水	8	
	其他水面	6	
	其他用地	0	
距水源距离	0~800m	7	0.3
	800~1600m	8	
	1600~8000m	5	
	8000~15000m	3	
	15000m以上	0	
海拔高度	−18~0m	7	0.1
	0~12m	10	
	12~45m	9	
	45~100m	7	
	100~137m	5	
距建成区距离	0	0	0.1
	0~2000m	2	
	2000~4000m	6	
	4000~6000m	8	
	6000m以上	10	

依据模型的廊道辨识流程，综合考虑绿地的景观单元特性，去除重复考虑的绿地斑块，在64个适宜生态节点的绿地中，选取具有较高生态价值的20个自然景观保护区域，将其抽象为点，作为城乡绿地生态网络构建的"源"，其余节点作为主要的绿地"汇"。为了反映"源地"景观运行的空间态势，借助GIS技术，构建累积阻力模型（Accumulative Friction Model）来表达景观类型的空间跨越特点；该模型主要考虑景观源、距离和地表摩擦阻力等因子，其公式如下：

$$C_i = \sum (D_i \times F_j) \quad (i = 1,2,3\cdots n; j = 1,2,3\cdots m) \qquad (7\text{-}1)$$

式中　　D_i——从空间某一个景观单元i到源的实地距离；

　　　　F_j——空间某一景观单元j的阻力值；

　　　　C_i——第i个景观单元到源的累积耗费值；

　　　　n——基本景观单元总数。

累积阻力模型实质是源（Source）通过每一个基本像元，计算其通过成本表面到最近源的最低累积耗费距离；借助地理信息系统空间分析工具中的代价距离模块来实现[91-92]。

对于不同的生态过程，空间阻力的格局特征也不同。折线上明显的拐点，通常意味着空间累积阻力趋势的分水岭，成为对应生态过程的关键点，其累积的阻力值具有重要的区分意义，成为相应的"门槛值"。要有效地实现自然景观保护的节点控制和覆盖，必须占领具有战略意义的关键性景观元素、空间位置和联系。这些景观元素、点及其空间联系构成生态安全格局。它们是现有的或是潜在的城乡绿地生态网络节点，是城乡可持续发展的基础。基于自然景观保护的城乡绿地生态网络构体系的构建是一个耗资巨大的工程，因此在网络节点数量设置上，关注效率，尽量考虑生态节点的重要性以及节点间的距离因素等，经过反复比较推敲，得到最终的基于自然景观保护的综合生态安全格局（图7-2）。本次综合生态安全格局共分为七级，其中极低水平～较低水平属于低安全，中等水平属于中安全，极高水平～较高水平属于高安全。最终形成了基于自然景观保护的城乡绿地生态网络构建预案（图7-3）。

从生成廊道结果来看，由于扬州水网密集，河道众多，因此基于自然景观保护的城乡绿地生态网络大多数较好地利用了这些水系，部分湿地、水域斑块由于地理位置比较偏僻，只能保证1条迁徙廊道接入。由于扬州的丘陵山体主要集中在西翼，部分廊道网络较好地利用了丘陵山体有利地形，对城市发展影响也较小。在扬州市域与中心城区之间的规

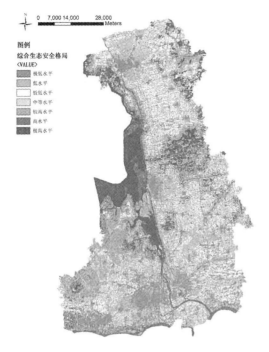

图7-2 自然景观保护的综合生态安全格局

图7-3 基于自然景观保护的城乡绿地生态网络

划区范围内，生态网络节点较少，网络联系的廊道不密集，这主要是因为扬州规划区范围内的郊野公园过少，在未来扬州城市绿地系统规划中应对此进行调整，规划增加相应的郊野公园。

根据廊道本身的价值、自然景观斑块的保护级别及其与周边用地的空间分布关系，划定了两个级别的生态保护廊道。主要生态保护廊道是以沿邵伯湖、廖家沟、芒稻河、京杭大运河等形成的南北生态廊道和沿长江、仪扬河、夹江形成的东西生态廊道。

南北生态廊道由众多的淮河归江水系、沿河湿地、泰安"七河八岛"等构成，是南水北调东线生态保护区的有机组成部分，应严格控制河道两侧用地开发，保持生态廊道的连续性和完整性。东西生态廊道沿长江和仪扬河展开，西联仪征龙河南北生态廊道并深入仪征中心城区，经朴树湾生态绿心、扬子津市级公园，跨大运河联系夹江生态走廊至江都沿江地区，是贯通扬州沿江城镇带东西方向的绿色廊道，并将扬州中心城区自然分隔为两个部分。生态廊道内严格禁止违反相关规定的开发建设行为，加强生态公益林和生态风景林建设，推进退果还林，恢复地带性植被，提升整体生态质量，强化生态服务功能；同时，择址建设森林公园、郊野公园和滨河公园等，增设康乐游憩设施，在保证生态系统稳定和良性循环的基础上，为市民提供最大限度的绿色游憩空间。

次要生态保护廊道是以自然水系为依托，连接其他自然景观保护区域。它主要是对主要生态保护廊道的有益补充，对扬州基于自然景观保护的城乡绿地生态网络的形成和完善具有积极作用。次要生态保护廊道周边区域为限制开发区，禁止一切可能破坏景观和自然环境的行为，各项建设和旅游开发活动应与景观相协调，禁止建设破坏景观、污染环境、妨碍游览的设施。

7.4 文化景观保护的城乡绿地生态网络构建

长江的流经、运河的连接，带来了各种不同类型、不同风格的文化在这个交汇点上不断地融合，形成了人文地理上具有典型江南文化风貌的扬州文化遗产。然而，随着城市化进程的加快，这些丰富的文化遗产正承受着巨大的压力。

2500年悠久建城史，孕育了像京杭大运河、古运河、乾隆水上游线等数量众多的线性文化遗产。这些线性文化遗产体现了人文与自然景观的整体性与延续性，共同分割并连接着扬州的城市景观和历史文脉，见证着扬州城市的发展，因此具有重要的历史文化价值。随着京杭运河的申遗成功，如何提高文化遗产的保护水平，协调遗产保护与经济发展的关系，更好地塑造具有鲜明特色和文化底蕴、古城风貌与现代气息并存的新扬州，已成为这座城市面临的现实问题。因此，通过城乡绿地生态网络的构建与特色文化景观的结合，可整合扬州全市范围内零散孤立的文化景观资源，建立集生态和文化保护、休闲游憩、审美科教、旅游发展等多方面功能于一体的区域遗产廊道网络，使基于文化景观保护的城乡绿地网络成为传承悠久历史与文化遗产的重要载体，不仅能够高效地保护扬州历史文化资源和线性遗产，而且也能够为城市文化品位提升打下坚实的环境基础。

7.4.1 网络核心斑块的选择与确定

遗产实物是遗产廊道的主要构成元素，也是基于文化景观保护的城乡绿地生态网络构建的核心斑块，主要包括大运河（扬州段）世界文化遗产，现有国家和省市级文保单位，历史文化街区，历史文化名镇、名村，和数量众多尚未纳于文物保护体系的其他文化遗产。扬州现状共有475处市（县）级以上文物保护单位，其中国家级15处、省级48处、市级412处。市域内拥有1个中国历史文化名镇、1个省级历史文化名镇、

5个具有传统特色、风貌的古镇及
4个具有一定传统特色、风貌的古
村落。

根据第6章对扬州城乡文化资
源的分析结果，通过查阅相关历
史地图、文献研究以及专家咨询
等方法，对扬州大运河（扬州段）
世界文化遗产、国家和省市级文
保单位、历史文化街区以及历史
文化名镇、名村等相关信息进行
系统梳理和评价，然后把这些重
要的历史文化资源分布点进行矢
量化，从中选出京杭大运河、古
运河、10处国家级文物保护单
位、34处省级文物保护单位、39
处其他文化遗产作为文化景观保
护的城乡绿地生态网络构建的核
心斑块（图7-4）。选择的标准
包括：

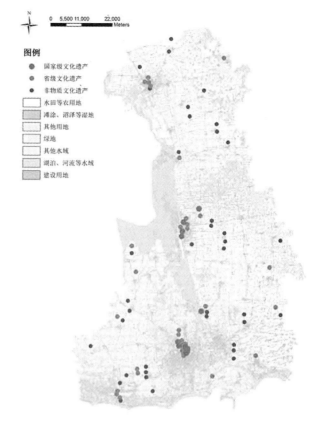

图7-4　扬州市主要城乡历史文化资源分布点

（1）历史意义：指具备塑造地域场所或国家历史的事件和要素。

（2）建筑或工程的重要性：指文化建筑应具有的形式、结构、演化
的独特性，或特殊的工程措施。

（3）自然对文化资源的重要性：在生态学、地理学、水文学和文化
意义上指导当地自然景观的重要性。

（4）经济重要性：指保护这些文化景观能否增加当地政府的税收、
旅游业和经济发展等。

7.4.2　廊道的识别和网络的构建

通过对扬州上述文化遗产点的分析，发现主要的文化遗产点的分
布与水系的空间格局存在着一定的线形分布规律，水系可作为扬州文
化景观保护的城乡绿地生态网络构建的骨架和基底。扬州文化景观保
护的核心不是对于单体文化遗产的保护，而应当是沿一定的遗产廊
道，对文化遗产进行体验和感知的过程。这种过程可以被理解为一种
在空间上水平运动的过程，可以用不同景观要素对遗产休闲活动构成

的阻力来模拟[93]。研究采用最小阻力模型，来对此过程进行模拟。其公式如下：

$$MCR = f\min\left(\sum_{j=n}^{i=m} D_{ij} \times R_i\right) \tag{7-2}$$

式中　　MCR——最小累积阻力面值；

f——最小累积阻力与生态适宜性的负相关关系，是一个未知的负函数；

min——某景观单元对不同的源取累积阻力最小值；

D_{ij}——从源j到景观单元i的空间距离；

R_i——景观单元i对运动过程的阻力系数[94]。

　　基于最小阻力模型，结合相关文献研究，参考各方面专家的意见，确定各种景观元素的阻力值，作为文化景观保护的城乡绿地生态网络构建的依据。首先，如京杭大运河、古运河这些线性文化遗产景观，联系着扬州众多历史文化和自然景观资源，充分反映了扬州过去某一时期的政治、经济、文化活动，适宜作为网络构建的重要参考，因此阻力值应当最低（赋值为"1"）。经过分析发现，扬州众多的文化遗产点的分布与水系存有一定的线性关系，水系可适合作为文化景观保护的城乡绿地生态网络构建的基本组成部分，因此，水系及其周边区域的阻力赋值也为"1"。此外，游憩性道路也是网络廊道的构成要素之一，而国内外的相关研究也证明低等级道路、乡间道、田间路等，较适宜作为文化景观保护的廊道，因此它们的阻力值也较低。那些并不具备文化遗产保护价值，但与文化景观保护的城乡绿地生态网络构建也具有兼容性的景观元素，如林地、园地、耕地，其阻力值居中。而城市建成区，特别是高速公路、铁路，对文化景观保护的城乡绿地生态网络构建具有较低的兼容性，对廊道的连通性造成一定的阻碍，因此阻力值最高。在此基础上，经过专家判断打分，最终统计形成赋值（表7-2）。

　　基于不同景观要素和土地利用类型对于文化景观保护的城乡绿地生态网络构建的阻力分布，运用最小累积阻力模型，计算空间上不同地点到达最近的"源"的费用阻力，以文化景观保护廊道的连续性、完整性和连接性为原则，经过适当的人工判别，得到最终的文化遗产廊道安全格局（图7-5），形成了基于文化景观保护的城乡绿地生态网络构建预案（图7-6）。

　　由生成的廊道结果来看，在京杭大运河、古运河沿线区域，分布相对集中、连续的文化遗产点，加之周边水域景观覆盖类型较为丰

基于文化景观保护的城乡绿地生态网络构建的阻力因子与阻力系数 表7-2

阻力因子	阻力系数
世界文化遗产廊道	1
水系及周边区域	1
田间路	2
县道、乡道	3
主要街道	4
园地	5
林地	10
耕地	15
城市建成区	20
国道、省道	20
高速公路、铁路	50

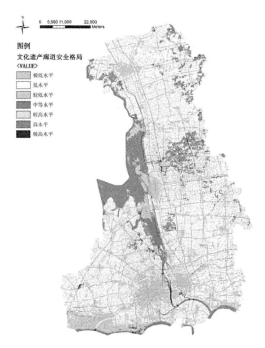

图7-5 文化景观保护的文化遗产廊道安全格局

图7-6 基于文化景观保护的城乡绿地生态网络

富，比较适宜开展绿地生态网络的构建。其他区域的文化遗产点过于分散，且交通的可达性较差，因此总体上主要遗产廊道是以京杭大运河、古运河等线性文化遗产为依托，连接重要的文化遗产点或片区而构建的。次要遗产廊道是以自然水系和历史形成的县乡道为依托，连接其他文化遗产点。

7.5　市民游憩需要的城乡绿地生态网络构建

市民游憩需要是指城乡居民在其闲暇时间，通过进入一些具有较高游憩价值的景观资源，所获得的某种愉悦和满足、并有助于恢复体力和精力的一种需求。基于市民游憩需要的城乡绿地生态网络构建，主要以分布在城市或城市近郊的、具有多种游憩功能价值的开放空间为网络核心斑块，通过游憩廊道将这些具有关键性意义的游憩资源进行整合，形成空间网络。

土地类型、游憩廊道及核心游憩资源的分布对于市民游憩活动的开展有着重要的影响。从适合市民的游憩活动需求来说，自然景观具有一定的优势，扬州市自然风光独特，人文遗产景观也较丰富，拥有森林公园、湿地公园、风景名胜区、农业观光园和各类乡土文化遗产等户外游憩空间。但在现有的管理体系下，这些游憩资源分属不同部门，加之空间分布不均衡、可达性差，游憩资源的类型和功能比较单一，游憩核心斑块与游憩廊道之间缺乏有机的联系，实际难以满足城乡居民日益增长的游憩需要。因此，在第6章对扬州游憩资源分析研究的基础上，结合扬州游憩资源的现状及城乡居民的利用需求以及可达性分析，通过游憩网络的空间叠加与组织，以连通性原则构建适宜的游憩廊道，形成城乡绿地生态网络，从而解决游憩资源与游憩廊道的有效使用问题。

7.5.1　网络核心斑块的选择与确定

游憩资源的分布对城乡居民游憩活动的开展有着重要影响。从适合城乡居民游憩活动需要的角度来说，扬州市域范围内的森林、湿地、丘陵山地等自然景观具有较高的游憩价值，同时丰富的乡土文化遗产也是市民游憩需要的重要资源。在游憩资源类型选择上，一方面要考虑城乡居民的生活需要与行为特征，另一方面，游憩资源规模也要参考生态保护的客观标准，需要提供游憩地适宜的保护区与缓冲区。

为此，本研究将扬州城区范围内各类现有城市公园、市域范围内的风景名胜区、湿地公园、森林公园、农业观光园等游憩资源，作为基于市民游憩需要的城乡绿地生态网络构建过程的"源"。同时，结合扬州城市未来的发展布局和人口数量分布、规划区郊野公园布局不足等特点，整体协调规划游憩节点，适当增加部分区域游憩斑块资源，共同作为基于市民游憩需要的城乡绿地生态网络构建过程的"源"（图7-7）。

图7-7 扬州市主要游憩资源分布点

7.5.2 廊道的识别和网络的构建

在明确市民游憩需要的城乡绿地生态网络构建的"源"之后，接下来就要对游憩廊道进行识别。与文化景观保护的廊道分析方法一样，本研究也采用最小累积阻力模型，来模拟分析市民在各类游憩资源中的体验过程。景观阻力越大，则该游憩资源越不适宜到达，适宜性也就较差；相反，阻力最小的游憩资源适宜性也就越强，也就意味着建设游憩廊道可达性最好。

基于上述理论分析，结合相关文献研究，参考各方面专家的意见，确定不同游憩资源对于市民游憩过程的阻力系数。其中，扬州城乡范围内的河湖水系比较丰富，可作为游憩廊道的构建基底，适合作为游憩廊道的主要组成框架，因此水系及其临近区域的阻力值为"1"。其次，道路系统也是游憩廊道的基本构成要素之一，国内外相关研究认为具有较高游憩价值的田间路、县道和乡道等，也适宜作为游憩廊道，因此它们的阻力值也较低。而国道、省道等高等级公路主要以交通运输功能为主，不适宜开展游憩活动，因此赋值也就相应较高。等级道路、乡间道、田间路，较适宜作为文化景观保护的廊道，因此它们的阻力值也较低。那些与游憩活动具有兼容性的景观元素，如林地、园地、耕地、城市绿地等，其阻力值居中；另外，像城市建成区，特别是高速公路、铁路，对市民游憩体验活动的廊道构建具有较低的兼容性，对廊道的连通性也造成一定的阻碍，因此阻力值最高。在此基础上，经过专家判断打分，最终统计形成赋值（表7-3）[93]。

结合前期相关分析数据，基于市民游憩需要的城乡绿地生态网络构建的阻力分布，运用最小累积阻力模型，计算空间上不同地点到达最近的"源"的费用阻力，以游憩廊道的网络连通性、完整性为原则，经过适当的人工判别游憩道的走向与连接位置，得到最终的游憩安全格局（图7-8），形成了基于市民游憩需要的城乡绿地生态网络构建预案（图7-9）。

根据游憩廊道本身的价值、周边游憩资源的级别，结合周边相关用地的性质，构建了市域尺度上的主要游憩廊道和次要游憩廊道。

（1）主要游憩廊道：主要游憩廊道是在游憩适宜性分析的基础上，以游憩资源为依托，连接重要的游憩资源所形成的网络。它构成扬州市民游憩需要的城乡绿地生态网络的骨架。其中线性连接要素主要依托河湖水系。从空间格局上看，扬州的主要游憩廊道呈现带状-环线网络体系，这是同扬州自然地理环境、游憩资源分布和城镇体系格局密不可分的。主要游憩廊道规划管理应当突出重点保护、优先建设，对廊道及周边土地利用应严格控制。优先建设项目应以游憩道、解说系统和相关配套为主。

基于市民游憩需要的城乡绿地生态网络构建的阻力因子与阻力系数　　　　表7-3

阻力因子	阻力系数
水系及周边区域	1
田间路	2
县道、乡道	3
主要街道	4
园地	5
林地	10
耕地	15
城市建成区	20
国道、省道	20
高速公路、铁路	50

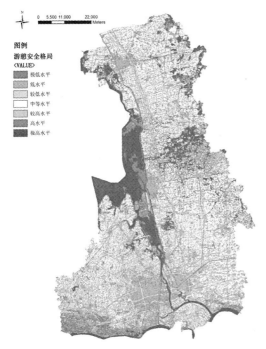

图7-8　市民游憩需要的游憩安全格局

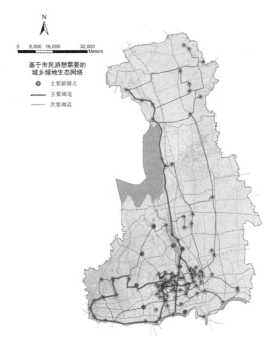

图7-9　基于市民游憩需要的城乡绿地生态网络

（2）次要游憩道：次要游憩廊道是连接较低的游憩资源，补充主要游憩廊道的网络系统。这个层次的廊道规划管理应当突出保护优先、逐步建设。在有条件的区域，建设相关游憩设施，完善游憩功能。在尚未有条件进行开发建设的区域，应当严控与游憩资源保护相冲突的土地开发项目。

　　由于在扬州城市的近郊地带，特别是在规划区用地范围内，游憩空间分布并不均衡，缺少重要的游憩资源和游憩线路。此次在基于市民游憩需要的城乡绿地生态网络构建中，在分析游憩资源和线路的基础上，特别加强以湿地、河湖水系和生态休闲农业为特色的郊野公园和游憩廊道的规划，以改变扬州近郊地带游憩资源贫乏、可达性较差的现状，从而完善扬州市域范围内的游憩网络的构建。此外，扬州北部"七河八岛"、"三湖湿地区"是新一轮城市总体规划确定的城市东部地区南北方向重要生态廊道——江淮生态廊道的组成部分，也是国家南水北调东线工程重要清水通道，应优先保护这些绿色游憩网络，一方面可以抑制城市的无序蔓延，避免大规模城市开发破坏这些生态资源，另一方面通过水体空间、休闲游憩功能的复合，为广大市民创造一个低碳化的户外游憩空间。

　　扬州市西北丘陵地带是平原景观区和低山丘陵景观区的交错过渡地带，这一地带是扬州风景游赏和休闲的胜地，因此适宜作为扬州游憩景观的另一核心地带。但目前在空间格局上，该区域缺乏景区与景区之间的游憩联系，因此通过游憩廊道可加强各游憩资源之间的连通性，使之与其他游憩廊道之间形成环形网络，从而使市民游憩体验更加综合。

7.6 综合叠加的城乡绿地生态网络构建

综合以上自然景观保护、文化景观保护、市民游憩需要三个方面的城乡绿地生态网络，充分考虑城乡自然生态空间、人文历史资源、特色游憩资源空间分布等，建立综合叠加的城乡绿地生态网络。城乡绿地生态网络综合叠加的最大难度在于如何实现不同层次、不同规划内容的网络耦合。从城乡未来可发展的角度出发，存在建设和保护的优先权和等级。通常认为：自然景观保护网络＞文化景观保护网络＞市民游憩需要网络。另外，在各网络功能相互协调方面，专属功能尽量要做到充分明确，保证不造成相互之间的干扰。

因此，对综合叠加的城乡绿地生态网络，按自然景观保护、文化景观保护、市民游憩需要分别赋值5、3、1，并将各网络节点所连廊道进行加权求和，得到各节点的连接度[51]。连接高越高，网络需求越大，优先级越高。从叠加图中可以看出，在构建的综合叠加的城乡绿地生态网络中，有很多廊道上呈现重合状态，这说明各网络在构成要素上具有重合性，在结构上也具有相似性，这也正是系统叠加优化的基础。

从综合叠加的城乡绿地生态网络的分区形态和分布（图7-10、图7-11）来看，综合叠加的城乡绿地生态网络主要节点和廊道主要集中在沿邵伯湖、廖家沟、芒稻河、京杭大运河等形成的南北生态廊道和沿长江、仪扬河、夹江形成的东西生态廊道上。其中，南北生态廊道由众多的淮河归江水系、沿河湿地、"七河八岛"生态中心等构成，是南水北调东线生态保护区的有机组成部分。东西生态廊道沿长江和仪扬河展开，西联仪征龙河南北生态廊道并深入仪征中心城区，经朴树湾生态绿心、扬子津市级公园，跨大运河联系夹江生态走廊至江都沿江地区，是贯通扬州沿江城镇带东西方向的绿色廊道。这两大区域与城市连接紧密，节点密集，呈现一定网络密集特征，说明该区段的生态网络具有较高的稳定性，自我修复能力较强，但受到未来城市建设用地扩张等因素影响，要避免生态系统的破碎化，保护生物多样性与栖息地，保障其不被城市化所吞噬，从而为城市提供多种生态服务功能，形成可持续的区域生态环境。而扬州西北区域自然地貌以丘陵岗地为主，主要节点和廊

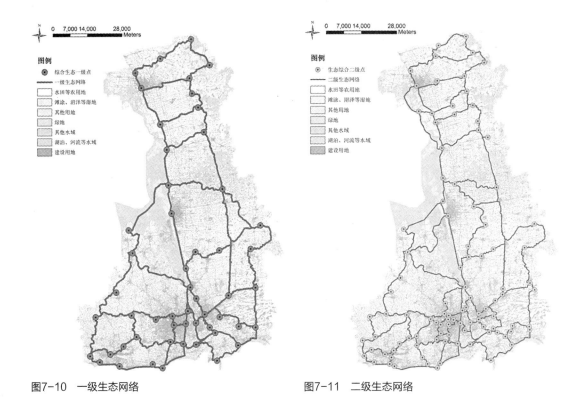

图7-10 一级生态网络　　　　　　　　　图7-11 二级生态网络

道多依托森林公园、风景名胜区，生态效益和空间效能较好，通过建立
连续的绿地生态网络，来确定和保护这些对城乡未来发展起到关键性作
用的栖息地和生态资源。

7.7 城乡绿地生态网络与城市绿地系统的规划整合

城市绿地系统规划作为当前城市重要的专项规划，本应当通过相应
规划，充分发挥绿地作为有生命的重要绿色基础设施的功能作用[1]。但
在扬州绿地系统规划修编中发现，随着扬州市社会经济的发展，城市对外
交通通道基本形成，人口规模与空间急剧扩张，城市发展方向已变为东西
聚合、南拓北优。但"拼图式"行政区划格局助长了以行政区作为考核单
元、不顾其地域特征、毫无例外地采用工业、居住、商业全方位发展的策
略，很难评估其结果是推动了城市的均衡发展，还是加快了城市的离散分
立格局。上一轮城市总体规划实施以来，城市建设用地得到较大的增长，
已提前突破总体规划的控制规模，城市空间开始向周边乡镇渗透，造成了
自然绿地开敞空间面积严重不足，空间结构不清晰，城市建设侵占生态廊
道现象突出，缺乏对生态片区、廊道的控制要求和建设指引，管控力度明

显不足。城市的生态空间结构虽然形成了以廖家沟、夹江、仪扬河等区域性水系的生态隔离廊道，但有廊无绿实际很难合理分割城市组团。

至2012年底，扬州市建成区（不含江都区）绿化覆盖率、绿地率分别达43.20%、40.85%，城市人均公园绿地面积达16.88m^2，在全国位居前列。2013年10月，江苏大部雾霾天气达15~20天/月，部分地区超过20天/月，居全国之首，扬州也没有能够独善其身。持续时间长，污染程度严重的"雾霾"在成为热词的同时，影响了城镇化的发展。建成区绿化覆盖率、绿地率及人均公园绿地面积等硬指标均获得了突飞猛进的提高，但不能不说，城市生态环境质量的整体改善尚不能与之成正比。如：古、水、绿的城市意象特色不够突出，缺乏对重点地区的控制和建设指引。城郊地带郊野公园、森林公园占城市面积比例过低，人均公共开放空间面积为3.3m^2，新建城区较好，边缘地区不足1m^2/人。

本文以扬州城市绿地系统规划修编为契机，尝试让绿地系统承担起扬州城市绿色开敞空间总的建设指引职能，为规划区内非建设用地的建设和管理提供一个技术支撑平台。把整个扬州城乡区域看作一个完整的复合体和互相联系的生态系统，融入现代生态、绿化、园林的思想，将绿地生态网络作为扬州城乡区域未来发展的生态骨架，有机结合自然水系网络、文化遗产网络、游憩资源网络与城乡交通网络等，旨在土地资源供给受限、资源保护与利用需协调并重的双向需求下，构建一个可控并引导城市合理发展的多层次、多目标的生态网络保护框架，使城镇绿地与城镇其他用地相互耦合发展，实现对城市绿色开敞空间的全覆盖，形成与快速城市化共轭的城市绿色开敞空间控制体系。这是在新的历史时期，在资源保护从传统被动适应向积极主动防御方式转变的新思潮下，城市绿地系统规划和快速城镇化相顺应的一个改变方式，是城市建设贯彻落实新型城镇化建设发展的重要举措，也是扬州全面推进城市化发展的现实需求。

因此，本次扬州城市绿地系统规划必须要以科学的方式去优化规划思想，一方面规划的重心要由以建成区为中心向建成区、规划区、市域并重优化；另一方面规划必须承担起协调城乡绿地在功能、结构、布局、形态等方面一体化发展的重任，实现城乡一体化的绿地系统规划。从总体上来看，城乡绿地生态网络构建研究与城市绿地系统规划是相辅相成的。城乡绿地生态网络构建的目的是保护城乡间的生态环境、自然与乡土文化遗产、游憩资源的景观格局，绝不仅仅是把相同功能的土地资源拼凑，自然、文化及游憩过程与空间体系的连续性与完整性是判别和构建绿地生态网络的科学依据。从这个意义上来说，它与城市绿地系统规划进行整合，将对现有城市绿地系统规划起到有益的补充作用。

城乡绿地生态网络与城市绿地系统规划的整合，可恢复和提高区域自然生态系统的服务功能，应对未来城镇化发展的不确定性，使立足于城乡绿地生态网络的城市绿地系统与城镇功能区的空间耦合表现为一张弹性的网，对保护城市生态环境，反映城市景观格局[1]，引导城镇空间形态的发展以及建设用地的产业布局起积极的调控作用。另一方面，城乡绿地生态网络与城市绿地系统的规划整合，可弥补现有城市绿地系统规划对非建设用地范围内生态绿地的划定不足，扩大城市绿地系统的规划空间[1]，发挥城市绿地系统的生命线保障系统作用。城乡绿地生态网络与城市绿地系统规划的整合表现为以下3个特征：

（1）连接。城乡绿地生态网络可以对应于市域、规划区、中心城区3个层次的绿地系统规划，通过相互联系的绿色空间网络能串联各类绿地。其目的是使城市和乡村土地利用一体化，通过连接各种因素，为城市绿地系统规划提供一个保护性的网络构架，而不是孤立式的公园点规划；城乡绿地生态网络与城市绿地系统整合的核心是连接，这个连接是多方面的：各类景观资源和自然系统之间的功能连接[1]；各类文化遗迹、湿地、自然保护区、森林公园等的策略性衔接，主要目的是通过绿道形式的连接，使城市绿地系统发挥其生态功能的网络结构作用，发挥整体生态效益，同时也能联系和组织社区居民与各类景观资源之间的关系。在城市绿地系统规划中最重要的是要突出城乡各类自然资源的网络连接，而城乡绿地生态网络的构建，恰恰更能突出自然资源间的连接关系，能够加强城市绿地系统规划中的网络功能性，使城乡间社会、经济、生态上的联系更紧密。

（2）网络结构。城乡绿地生态网络能否被整合的关键点在于其网络结构特征是否健全，主要包括：廊道的宽度、形态、内部环境及组成元素等。其中廊道的宽度和网络结构的连通性是控制城市绿地系统生态功能的主要因素。对于城市绿地系统规划而言，要想提高相关绿地空间之间的连通性，关键是要提高各类景观元素连通性。例如，依靠河流、道路的绿道，通过连接自然资源、文化遗迹和相关公园等，提供了一个未来城市的发展所能依靠的框架[1]。这个框架将有助于保持和恢复生态的完整性、系统的连续性，减少对城市生态系统的功能和服务的不良影响。在城乡绿地生态网络与城市绿地系统规划的整合过程中，也会由于生物多样性的保护和持续发展，网络结构随着自然和生态过程的时间和空间变化而变化。

（3）整体。城市绿地系统规划要跨越市域、规划区、中心城区3个层次，必须要有整体的规划，要综合考虑各层次各绿地要素的相互联系；要有分析和解决问题的整体思路，在城乡范围内建立起绿地的布局结构，使得城镇、规划区、市域之间形成良好的连续性和整体性；城乡绿地生态网络构建与城市绿地系统的规划整合，能够连接城市中心区、规划区和市域，分层解析各类绿地景观资源，也使规划的整合更加具有针对性和可操作性[1]。

扬州城市绿地系统的规划布局以城乡绿地生态网络为基础，充分利用扬州优越的自然资源，结合生态红线区划分、历史文化名城保护、生态环境保护及旅游发展规划，整合城市各类绿地景观资源（自然保护区、风景林地、湿地公园、农田、大型综合性公园、社区公园、街头绿地等），通过与绿道（依附于河流、道路的绿道）的有机整合，使不同形状、不同规模、不同性质的绿地形成一个整齐、连通的绿地网络[1]。

城乡绿地生态网络与绿地系统规划的整合着重保护城乡区域或者人们居住和生活地区的有效景观，强调土地利用率。依附于河流、道路的绿道网络，其最大的本质在于更好地限制扬州未来的城市蔓延，防止城市的扩张对自然环境的破坏；同时，也能强化城市内部的各类绿地与城郊外围大环境的联系，优化城市绿地系统的结构布局，提高其稳定性[1]。

7.7.1 市域层面的城乡绿地生态网络与绿地系统的规划整合

市域绿地系统规划是关系到城市生态系统平衡和可持续发展的绿色空间规划，规划中应充分结合自身的河流肌理、历史遗迹以及自然生态系统和人工系统的现状布局结构特征，并充分考虑自然与人工系统之间的相互作用关系，从而使市域内绿地布局更科学、合理。

1. 城乡绿地生态网络与市域绿地系统的规划整合基础

扬州市域属于亚热带季风性湿润气候向温带季风气候的过渡区。气候主要特点是四季分明，日照充足，雨量丰沛，盛行风向随季节有明显变化。冬季盛行干冷的偏北风，以东北风和西北风居多。

整个市域划分为四大片：城镇绿地发展区沿江发展区、西北丘陵区、里下河湿地区、三湖湿地区。不同斑块、廊道、基质并存，构成稳定生态结构和特色空间的基础。市域范围内地形呈现东西高低的特征，西部仪征丘陵，高，东临运河，而沿该地区的扬子江则为河漫滩冲积平原，地势低洼。

扬州地处长江与京杭运河交汇处，受季风气候的影响，境内河湖众多，境内水网密集，大部分河流水量充足。以邵伯湖—廖家沟—芒稻河等形成南北骨架，依托长江形成东西走廊。

主要河流有长江、邵伯湖、京杭大运河、夹江、芒稻河、高水河、太平河、新通扬运河、新河、古运河、白塔河、瘦西湖、保障河、二道河、沙河、邗江河、横沟河、沿山河、吕桥河、新城河等。

市域内所有河道的标准分成三级：

一级河道：长江、廖家沟、邵伯湖、京杭大运河、夹江、芒稻河、高水河、太平河、新通扬运河、新河等。

二级河道：纵横交错的其他河网。

三级河道：乡村小河与农田沟渠。

交通网发达，在总体布局上呈现"一环五射"的空间形态。将市域内的交通道路网络划分为三个绿化等级：

一级交通网络以铁路、高速公路为主，对外铁路连淮扬镇铁路为国家一级铁路干线，南北向纵贯全市，另有宁启铁路，横穿东西。高速公路有S333省道公路、启扬高速公路、京沪高速公路、沪陕高速公路、扬溧高速公路、扬宿高速公路等。

二级交通网络包括境内省道和所有县乡级公路。主要有新328国道（G328）和S125、S237、S244、S264、S331、S332、S333、S352、S353、S356、S611省级公路和海防公路等。

三级交通网络是指境内所有村级道路。

扬州市有着丰富的文化资源，还有着我国最古老的运河、隋王陵墓和汉代古墓以及唐宋古遗址，明清时期的私家花园和其他许多文化景观。这些优越的自然与人文环境为城乡绿地生态网络的构建提供了依据与支持，不同斑块、廊道、基质并存，也构成了稳定生态结构和特色空间的基础。

但应当看到现状绿地偏分散，各斑块之间缺少线性的联系，这就迫切要求建设绿色廊道，构建绿色基础设施，建立多元化的城乡绿色渗透系统，通过绿道、绿带等网络连接和城乡因子的相互渗透、彼此融合等组织手段，促使城乡空间朝着理性的方向发展，为城乡发展提供生态安全价值。多元化的绿地不仅包括传统意义上的自然保护区、森林公园、风景名胜区，还包括大面积的农田、林地和水域。市域内的林地和农田在远郊常常成为基质性的绿色空间，与穿过城市的江河、道路等绿色廊道一起呈楔状嵌入城市，从而形成绿色渗透系统。

通过多形式多功能的城乡绿地生态网络的构建，可有效控制城市的无序扩张、提高整体环境质量和保持城市的可持续性发展。构建城乡绿地生态网络，也能够整合零散孤立的文化和自然景观资源，建立集生态保护、文化弘扬、休闲游憩、审美启智和旅游发展等多功能于一体的绿地生态网络，对推动区域生态环境保护、实现生活休闲一体化、促进宜居城乡建设和增强可持续发展能力具有重要意义。

2. 城乡绿地生态网络与市域绿地系统的规划整合布局结构

根据市域的空间布局特点和现有绿地分布情况，整体协调，联系发展。南北向以邵伯湖—廖家沟—芒稻河形成生态廊道，东西向以长江为依托，形成生态走廊。城镇划分四片区域统筹发展，并划分多个敏感区域，形成市域核心保护区。另外，以市域道路、河流为依托，营造一定宽度的防护林，形成扬州市的绿色经脉。

综合考虑扬州市域的生态环境与有相当规模的湿地、自然风景区、林地和遗产廊道以及河流、水产种质资源等因素，以市域范围内的道路、河流为主骨架，在其两侧规划建设防护林带，交错形成生态绿网，成为城市的绿色经脉；提高绿色廊道的质量，增加宽度，使其真正满足物种之间的流动，尤其是河流廊道的建设，更应突出支持生态过程的功能；同时规划建设市域范围内湿地区域、风景名胜区、森林公园等绿地，协调保护和开发的矛盾，并发展城市生态产业、周边绿地，满足人民休闲娱乐需要的同时，形成城市的绿色供应站。构筑景观生态格局，重视大环境景观规划，维护景观生态过程与格局的连续性，在城市上风向建设防护绿地隔离带，有效改善城市环境。加快集镇中心村绿化的园林化、生态化进程，乡村绿化加强宅间植树、农田林网化、防护林建设；大力发展高效都市农业与生态旅游业，实现城乡产业协同发展；同时纳入高科技农业园、生态农业区、绿色食品基地等内容，形成市域的生态绿地体系。

以主要发展轴线为依托，以众多道路、河流沿线绿化、农田林网为基础，结合上节最后叠加生成的城乡绿地一、二级生态网络的模型基础，强调市域范围内的绿地与地形地貌、水文资源的复合，市域绿地系统布局按链、片、核、带四个层次进行，通过规划绿道将城市、郊区、农村的自然景观和人文资源衔接起来，构筑多层次、网络化的市域生态绿地体系[1]，建设生态健全的城乡绿地系统，形成"双链、四片、多核、多带"的生态网络体系（图7-12）。

双链：沿邵伯湖—廖家沟—芒稻河等形成的南北生态廊道；沿长江形成的东西生态廊道。

四片：城镇绿地发展区沿江发展区、西北丘陵区、里下河湿地区、三湖湿地区。

多核：在市域范围内建设荡滩、湿地保护区、自然保护区、生态功能保护区、森林旅游观光区等点珠状绿地，并纳入各县、市生态中心，营造点缀市域的绿色链珠。生态中心包括宝应县的宝应湖湿地森林生态中心、高邮市的高邮清水潭湿地生态中心、仪征市的仪征枣林湾生态中心、江都区的江都仙城生态中心、邗江区的蜀冈—瘦西湖风景区、广陵区的广陵夹江生态中心、生态科技新城的"七河八岛"生态中心、宋夹城生态中心以及三湾湿地生态中心。

多带：以市域范围内的道路、河流为主骨架，在其两侧规划建设20~30m、50~100m不等的防护林带，交错形成生态绿网，成为城市的绿色经脉。

规划的重点是整合市域范围自然、人文景观资源，建立集生态保护、休闲游憩、历史文化等多功能于一体的城乡绿地生态网络；通过绿道修复沿线生态功能，增强绿色空间的连通性和完整性；塑造生态文化形象，形成兼具历史、文化特色的生态景观廊道[1]。通过对历史遗迹、森林湿地等景观节点的串联，形成绿地生态网络（图7-13）。

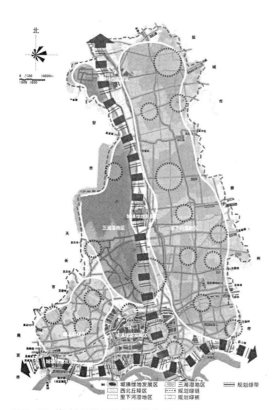

图7-12 市域绿地系统规划结构图

图7-13 市域绿道规划图

规划强调加强生态基础设施建设，并在市域通过打造公园、风景名胜区、自然保护区和历史古迹之间的开敞空间纽带，构建绿道系统和网络。将城乡空间作为一个整体来对待，打破区域内人为的各种空间及壁垒，实现区域的"无缝连接"和"无边界合作"，促进城乡一体化发展。运用景观生态学理论，对城市生物多样性进行保护，建立自然保护区域，进而改善人类严重干扰的景观。

在市域范围内加强下辖县、中心镇、中心村的绿化建设，遵循系统原则和生态原则，结合城市总体规划，充分考虑以人为本，强调绿地的实用性，同时创建小城镇绿地系统的微观布局模式，强化植被恢复力度，形成城乡统筹、城市与自然协调、人与自然共生的市域大环境绿化格局。

宏观层面上，下辖县及主要建制镇应结合小城镇镇域内的土地利用规划，运用景观生态学理论进行绿地系统布局，编制县区、镇区绿地系统规划，同时借鉴景观生态规划与设计原则，如整体优化原则、多样性原则、遗留保护地原则、生态关系协调原则等，扩大具有积极作用的基质，如林地、草地；形成具有积极作用的廊道，如河流水系、绿色廊道；整合具有积极作用的斑块，如大片耕地、沙地、废弃地中的林地、草地、水面，从而增大绿地覆盖率，提高布局的生态效益。

微观层面上，各县、镇区应规划形成公园，完善相关功能配套设施，各行政村应规划建设小游园，镇区内的河道要根据条件建设滨河绿带，形成点、线、面有机衔接的城市绿地系统，使各县镇的园林绿地成为市域绿地系统的有机组成部分，同时承担大型生物栖息地的功能，成为保护和提高生物多样性的基地，提高区域生态安全。

7.7.2 规划区层面的城乡绿地生态网络与绿地系统的规划整合

规划区绿地作为改善城市生活环境质量的生态缓冲地带，对其加以建设和保护，营造与保护绿色开敞空间，是保证城市健康有序发展的必要保障。

1. 城乡绿地生态网络与规划区绿地系统的规划整合基础

扬州景色秀美，历史悠久，文物古迹遍布，具有优越的生态资源基础，规划区绿地生态系统的建立，对城市生态环境的改善有着最直接的作用和意义。为优化规划区大环境绿地生态结构，规划结合2014年住房和城乡建设部提倡的建设海绵城市，根据城镇空间发展方向、风景名胜区保护以及自然生态敏感区等方面的建设，确定具有重要战略意义的绿地景观定位。

依托规划区周边的开敞绿地、水体和农田，结合城镇空间向东向南发展的趋势、郊野公园规划以及自然生态敏感区建设，结合上节最后叠加生成的城乡绿地一、二级生态网络的模型基础，将区域绿色生态空间营造与城乡协调发展、资源保护、本土文化展示良好结合。将市域的生态网络体系引入城市，与中心城区绿地系统融为一体，打通生态廊道，形成绿网分布的绿道形态，使城市生活和乡村生活有机融合，形成城乡一体化模式。

规划结合城市生态要求、自然形态及布局特点，结合规划区现有绿地，维护和强化市域绿地格局的连续性。以前期城乡绿地生态网络的整合为基础，在规划区范围内建立高效完善的生态绿色网络，以绿道为载体，通过各种线性的绿色空间，将城市与外围郊野公园、风景林地相串联，使城市与自然紧密结合。

城市开发建设应保护河流、湖泊、湿地等生态敏感区，优先利用自然排水系统与低影响开发设施，实现雨水的自然积存、自然渗透、自然净化和可持续水循环，提高水生态系统的自然修复能力，维护城市良好的生态功能。以保护人民生命财产安全和社会经济安全为出发点，综合采用工程和非工程措施提高低影响开发设施的建设质量和管理水平，消除安全隐患，增强防灾减灾能力，保障城市水安全。

2. 城乡绿地生态网络与规划区绿地系统的规划整合布局结构

为维护区域生态平衡，最大限度地降低资源开发与环境保护的冲突，降低对自然生态体系的影响，保护城市生态环境，提高城市环境质量，恢复和保护生物多样性，规划结合城市生态要求、自然形态及布局特点，将规划区生态绿地结构概括为"两廊、四片、七心、八园"为主体的生态网络（图7-14）。

图7-14　规划区绿地系统规划结构图

两廊：滨江生态走廊、古运河生态走廊，串联规划区范围内主要绿色生态斑块。

四片：南片为沿江片区，濒临长江，地势低洼，水网密集；北片为湿地核心区，西侧靠近仪征，为浅丘陵地貌，东侧沿邵伯湖、大运河，地势低洼；东片为里下河农业产业园区，主要为江都区里下河地区，各乡镇以生态高效农业为主；南片与北片之间为历史名城保护区，以邗江区为中心，创建扬州文化特色核心。

（1）沿江地区

规划调整农业产业结构，建设长江特色水产品、无公害蔬菜、经济林果、生态林、优质稻米和休闲农业基地。

保护生态环境和自然资源，沿长江、夹江滩地营造水土保持林和防浪林。对江边滩地等湿地资源加强保护，建立滨江湿地保育带，保护沿江湿地和南水北调东线水源保护地。沿江高等级公路北侧50m一线以南、夹江以东至长江地区，规划作为自然保护地。

采取积极的生态环境建设，大力保护生态环境敏感区，进行生态环境建设和综合治理，重视城郊重点生态区建设，大力发展生态型城市绿化，控制城镇工业外延，保护和完善现有绿网体系，加强对生态环境的控制。

（2）湿地核心区

北部地区把生态景观绿地建设作为工作重心，根据本区湿地生态系统的特点，建立湿地生态保育区。

建设风景林、经济林、防护林相结合的综合性林业体系，以增强本区的水土保持、水源涵养、生物多样性保护、景观美学等生态服务功能。

（3）里下河地区

大力发展生态农业。充分挖掘本区未被利用的滩地、河堤、圩堤、沟渠、路旁、庭院等土地资源进行造林绿化，选择速生适生树种和乡土树种以及灌木，因地制宜地实行林渔、林农、林牧等综合生态工程。

（4）历史名城区

历史名城区是城市产业、人口、服务功能集聚的核心区。城市生态景观建设与城市基础设施的建设综合考虑，统一规划设计，为历史名城区生态旅游的发展奠定基础。保护内部组团之间的生态廊道，并引导外围生态空间向城区内部渗透。

七心：以重要生态廊道的交叉点、脆弱点在规划区范围内建成的湿地保护区、自然保护区、生态功能保护区、森林旅游观光区等点珠状绿地，营造点缀市域的绿色链珠。主要是渌洋河自然保护区、"七河八岛"水生态保护区、江都仙城生态园区、三江水源保护区、瓜州水源保护区、朴树湾水源保护区等。

八园：指分布于规划区边缘的八个城市郊野公园，其对于保护、改善城市生态环境，维持生态系统的多样性以及稳定性有着重要作用。八园分别为渌洋湖郊野湿地公园、三江郊野公园、扬州西郊郊野公园、夹江湿地公园、李典生态保护公园、江都东郊城市森林公园、河东湿地公园、江都丁伙郊野公园。

规划区中"七心八园"应具有较好雨水调蓄功能，通过雨水湿地、湿塘等集中调蓄设施，消纳自身及周边区域的径流雨水，构建多功能调蓄水体、湿地绿地，大力发展建设"七心八园"的溢流排放系统，使之与城市雨水管渠系统和超标雨水径流排放系统相衔接。

保护现状河流、湖泊、湿地、坑塘、沟渠等城市自然水体。在保护现状的基础上，积极改善自然水体水质及周边自然环境条件。

应充分利用规划区范围内得天独厚的自然水资源，设计湿塘、雨水湿地等具有雨水调蓄与净化功能的低影响开发设施，湿塘、雨水湿地的布局、调蓄水位等应与扬州市上游雨水管渠系统、超标雨水径流排放系统及下游水系相衔接。

水系周边滨水绿化控制线范围内的绿化带接纳相邻城市道路等不透水面的径流雨水时，应设计为植被缓冲带，以削减径流流速和污染负荷。

以建设海绵城市为目标，在植物选择时应根据水分条件、径流雨水水质等进行选择，宜选择耐盐、耐淹、耐污等能力较强的乡土植物。

规划重点秉承多元复合的整体目标，包括自然资源的保护、生态系统的构建、本土文化的挖掘、游憩活动的组织等；建立便捷的、可达性好、文化性强、景观特色突出以及安全性高的交通、游憩空间；通过绿道的建设、整体区域风貌的控制，促进城市融入乡村，乡村渗透城市，增强绿色空间的连通性和完整性。

打造城市规划区内"绿网碧园，星罗棋布"的特色，最大限度地降低城市建设与自然资源保护之间的矛盾，构建稳定的生态系统，以建设生态城市为最终目标，规划区绿带、绿地、水网系统合理规划，与城市建设相融合，最终形成健康、安全的生态型网络结构（图7-15）。

图7-15 规划区绿道规划图

7.7.3 中心城区层面的城乡绿地生态网络与绿地系统的规划整合

依据叠加生成的城乡绿地一、二级生态网络的模型基础，协调城市空间布局，把城市的绿化建设作为一个整体，为实施绿地系统规划的指标提供发展空间，形成建设新区与改造旧区联动发展的绿化系统，使绿化建设和环境建设都体现出新的城市面貌。

1. 城乡绿地生态网络与中心城区绿地系统的规划整合基础

在中心城区绿地系统规划中，强调城市对公园绿地空间的可达性与联系性，发挥绿地生态网络与城市绿地系统规划整合的整体性和系统性，认识到绿道在中心城区绿地系统规划中的核心地位。通过绿道的建设充分发挥绿地的生态功能作用，使沿河流与道路形成的带状绿带与区内各级别公园、街头绿地联结成网，互为补充，形成连贯的生态体系，全面改善城市绿地系统功能结构。

具体如下：

（一）尊重自然、生态互动、整体把握、系统整合

依据扬州市城市总体规划，协调城市空间布局，把城市的绿化建设作为一个整体，为实施绿地系统规划的指标提供发展空间，形成建设新区与改造旧区联动发展的绿化系统，使绿化建设和环境建设都体现出新的城市面貌。

（二）以人为本、倡导体验

以人为中心，提高人民生活、工作的环境质量。城市绿地的布局，以改善、提高生态环境为目标，建设类型齐全、功能多样的绿地，为人们提供观赏、游憩的绿色空间。

（三）延续文脉、突显特色

体现文化特色与生态特色，做到绿化与水体相结合，绿蓝相间。中心城区区域内有京杭大运河、古运河等多条河流。规划中保持水系特色，整合水系环境，延续河流文脉。另一方面，利用丰富的历史遗迹（可选部分绿地恢复消失的古景风貌）和深厚历史文化进行特色景观的塑造，在延续历史文化的同时为市民的现代生活提供相协调的环境。

（四）景观格局、城乡融合

城市绿地规划要突破城市化界限，向郊外发展，实现大环境绿化。从宏观范围来看，郊外绿地与城市绿地融为一体，从生态效应出发，使城市的绿地逐步形成市内外有机结合、网络完整的绿地体系。

规划布局应从保持良好生态环境出发，着眼于改善中心城市环境和

调节区块内部小环境，满足居民的日常游憩，兼顾城市景观和避灾防灾需要。由沿路、沿河宽窄不等，经纬交错的绿色走廊，将星罗棋布的公园绿地、单位附属绿地、游憩绿地联为一体，形成大中小结合、线面结合、环廊结合、平立面结合的绿色空间。

2. 城乡绿地生态网络与中心城区绿地系统的规划整合布局结构

营造中心城区"秀水绕城，淮左诗画名都；绿网清韵，竹西人文佳处"的特色，最大限度地降低城市建设与自然资源保护之间的矛盾，构成稳定的生态基质，城区绿带、绿地合理分布，与城市融为一体，形成生态游憩型网络结构。

中心城区内要充分考虑绿地生态网络的延续性、绿地分布的均衡性，强调城市对自然的可达性、亲密性，引导合理的城市空间发展形态，为居民提供多样的活动空间。最大限度地降低城市建设与自然资源保护之间的矛盾，构成稳定的生态基质，城区绿带、绿地合理分布，与城市融为一体，形成生态游憩型网络结构。构筑"一脉、两环、四楔、四廊、多带、点线成网"的复合式绿色网络结构（图7-16）。

一脉：以京杭大运河和古运河形成贯穿城区南北的景观、文化脉络。京杭大运河成功列入世界遗产，为扬州市建设世界名城带来崭新的契机。

两环：以市内北城区、古运河、二道河和瘦西湖形成内城水系环；以启扬—扬溧高速公路防护林、京沪高速防护林和仪扬河—夹江生态廊道构成城市的绿色外环。

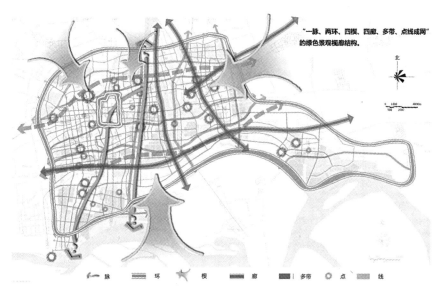

图7-16 中心城区绿地系统规划结构图

四楔：西南部仪征以丘陵山区为主，北接蜀冈—瘦西湖景区跨铁路与北山生态区相连，向西经蜀冈西峰生态公园、体育公园、新城西区沿山河绿化等；北部以邵伯湖区为主，北接"七河八岛"，与茱萸湾公园和凤凰岛郊野公园相连；南部以北洲沿江地区和南水北调生态功能保护区为代表；东部以里下河湿地区为主形成四个方向深入市区的楔状绿地。

四廊：江淮生态廊道、仪扬河—夹江生态廊道、新通扬运河生态廊道、芒稻河生态廊道。

多带：以淮扬镇铁路防护带、宁启铁路防护带、沪陕高速公路防护带、宁盐高速公路防护带、扬宿高速公路防护带等形成多条贯穿城市的主城区的绿色景观轴。

点线成网：以茱萸湾公园、廖家沟公园、西峰公园、三湾公园、芒稻河公园、扬子津公园、润扬森林公园、滨江公园等公园为点，以城市主要道路绿带和大三王河—三阳河、古运河、斜丰港河等河流为线形成整个城市的绿色网络。

规划重点串联城市道路、滨水道、标志性节点等公共空间，依托城市公共交通系统环线，使居民能够充分地利用绿地生态网络，形成城市健康游憩体系；充分发挥城市园林绿地综合功能效益；合理布置各类绿地，全面提高城市绿量、植物景观效果和生态效应；整体布局突出三结合：即城区外围大绿环、绿色廊道和内部绿地斑块结合；历史文化与绿地建设相结合；交通枢纽与防护体带相结合（图7-17）。

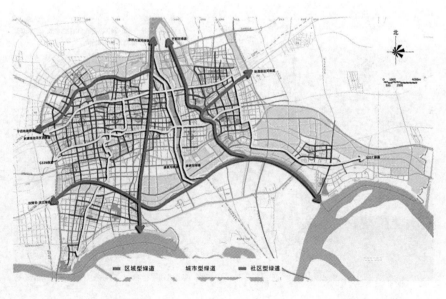

图7-17 中心城区绿道规划图

规划控制措施主要包括：

发挥绿道在城市开敞空间规划中的核心地位，并通过绿道构建城市生态网络的功能。使沿河流与道路形成的带状绿带与区内各级别公园、街头绿地联结成网，互为补充，形成连贯的生态体系，全面改善城市绿地系统功能结构。

保护野生动植物栖息地，维护生态系统平衡，构建稳定的生态保护地系统。同时在生态资源开发时，尽量退让城市建设红线，在生态系统比较稳定的地方适量进行城市开发，维护人类与自然之间的良好关系。在城市建设集中的地区要合理解决绿地分布，增加绿地占有量，与城市内人类活动融为一体。

利用城市水体，发挥其蓄水与排洪的作用，加强城市雨洪管理。加强水体与城市排水系统的联系，构建平衡性的生态雨水收集排放系统。

（1）保护城市水源，减少城市开发占有水体面积，减少城市旅游开发给水体带来的压力。

（2）净化城市水体，治理城市水体污染，减少水体富营养化。管理流域周边企业污水达标排放，形成城市污水处理系统。

（3）将水体与城市排水系统相联系，引导城市洪水进入水体，进行自然滞留，减少地表径流，减少暴雨对城市的影响。

（4）建立雨水生态过滤收集系统，保证干旱时期植物生长用水供给。

保护沿长江和京杭大运河的自然生态系统，保护野生动植物，减少外来物种的侵害。沿河与沿江的生态系统比较容易受到城市开发的影响，应加以保护，排查动植物资源，针对濒危物种要施以适当的保护措施。同时对于外来物种要提高防范力度，减少其对本地生态系统的影响。

利用河流生态廊道以及道路绿地等加强老城区与江都新区的横向生态联系，构建完整的生态系统。从现有的绿地系统来看，东西向的联系较少。京杭大运河将新旧城区绿地系统天然地割断了，虽然有依托东西向快速路形成的道路绿地，但是总体来说联系不是很紧密。所以从宏观上来说应该将现有的生态廊道资源加以整合优化，形成具有一定生态影响力的东西向生态廊道，连接江都新区与老城区，从而构建一个完整的生态系统。

将城市工业区搬迁到城市下风向或者盛行风的垂直带，减少工业区对城市的污染，同时增加工业区与居住区、商业区等的自然阻隔。因扬州处于亚热带季风气候，夏季盛行东南风，冬季盛行东北风。为了减少城市工业污染对居民的影响，应对工业区实行整体搬迁至盛行风的下风向或者垂直风带。同时利用防护绿地对工业污染形成阻隔。对搬迁过的工业废弃地，加以改造，营造自然的植被群落，提高老城区生态环境质量。

将老城区部分功能疏散到新区，缓解老城区人口、生态压力，进而改善老城区生态质量。由于老城区人口环境压力较大，对于生态环境保护是个巨大的阻碍。所以要将老城区的部分功能，例如商业、办公、行政等迁移出去，缓解老城区的交通人口压力，提高生态环境质量。

7.7.4 绿道网分类建设指引

对当前我国现有城市绿地系统规划体系而言，城乡绿地生态网络构建的主要依托和最好载体便是绿道。绿道是为人类服务的，具有连接城市和城郊景观的功能；经过精心规划、设计和管理的土地网格包括了生态、游憩、文化、美学以及其他多种功能，这些功能以可持续的方式集中地在此土地网格上实现，其本质是资源共生的假设、连通性和多种功能的集中性。一定意义上可通过绿道的生态修复手段与生态结构强化来初步构建绿道系统。

绿道强调的是一种自然与人平衡发展的生态观，一方面要有"绿"，即要有自然景观；另一方面要有"道"，即要满足人游憩活动的需要。其规划要旨与城乡绿地生态网络构建思想是一致的。绿道的空间结构是线性的，连接是绿道的最主要特征。绿道的功能可以分为自然功能和人文功能，自然功能包括生态功能和环境功能，人文功能包括游憩功能、经济功能和教育功能。绿道最核心的意义在于其具备的串联和游憩功能。绿道能有效地将城乡区域内分散的绿地化零为整，化局部为整体，完善绿地系统的结构，并且根据不同的景观类型和特征，采用不同的连接方式；绿道能将不同的斑块串联起来，方便物质在不同斑块之间的流动；绿道为人们提供了更加安全、生态的游憩环境，提供了高质量的生态、经济以及生活效益。多条绿道相互交错构成绿道网，形成绿色基础设施或者称之为生态基础设施。这种绿色基础设施使城乡绿地在功能上得到了完善和连续，从而有效地促进城区与乡村绿地间的自然生态过程，有效地保护生物多样性和野生生物的移动，打破城乡界限，将城市融入乡村，让乡村渗透城市，促进城市和乡村的相互渗透，这种绿色基础设施构成绿色出行系统，能有效减小城市灰色基础设施的压力。

对于扬州城市而言，市域范围内地形总体呈现西高东低的特征，西部仪征多丘陵，地势较高，京杭运河以东和沿江地区均为长江三角洲漫滩冲积平原，地势低平。扬州地处长江与京杭运河交汇处，受到季风气候的影响，境内河湖众多，水网密布，京杭大运河纵穿腹地，由北向南沟通白马湖、宝应湖、高邮湖、邵伯湖，最终汇入长江。交通网发达，有宁启铁路、连淮扬镇铁路在内的国家铁路；有陕沪高速、扬溧高速和启扬高速在内的主要高速公路，在总体布局上呈现"一环五射"的空间形态；有宁通公路、新淮江线、扬天线、金宝线等在内的国省干道。全市文化资源丰富，有我国最古老的运河、汉隋帝王的陵墓、唐宋古城遗址、明清私家园林等众多的人文景观。这些优越的自然与人文环境为绿道网的构建提供了依据与支持。但现状绿地偏分散，各斑块之间缺少线性的联系，这就迫切要求建设绿色廊道，构建绿色基础设施，将各斑块串联起来。基于绿道基础的绿地网络可与城市边缘区绿化空间融合，更好地促进城市边缘地区的风貌提升。

城乡绿地生态网络最终可以通过绿道规划实体来实现其规划本义，通过构建城市绿道网络，能够整合零散孤立的文化和自然景观资源，建立集生态保护、文化弘扬、休闲游憩、审美启智和旅游发展等多功能于一体的绿道网络，对推动区域生态环境保护、实现生活休闲一体化、促进宜居城乡建设和增强可持续发展能力具有重要意义。以构筑完善的生态网络体系为重点，通过市级绿道和区级绿道的构建，形成绿道网主体框架，同时与各类绿地内的绿道支线进行灵活对接，形成各项配套设施完善的绿道网络体系。具体体现在：

（1）有利于改善环境质量、保护生物多样性

绿道在保护环境方面最主要的作用是维持和保护自然环境中现存的物理环境和生物资源（包括植物、野生动物、土壤、水等），保护水资源，并在现有的生境区内建立生境链、生境网，防止生境退化和生境的破碎，绿道可以保护内部生境以免受外部的干扰，为野生动物提供栖息地和迁徙廊道，从而保护生物多样性。

（2）有利于维护区域生态安全

绿道的构建保护了多样化的自然环境，特别是使一些关键性的生态过渡带、节点和廊道得到了有效保护；维护自然界的生态过程，起固土防洪、清洁水源、净化空气等作用。其次是增强生态空间的连通性，完善生态网络，减少区域自然生态破碎化现象。

（3）有利于提高区域宜居性

绿道是宜居城乡的基础设施，随着社会的发展，住居和休闲环境成

为人们特别关注的生活条件之一。尤其在大都市区中，绿道以一个线性的、带状的相对独立的绿色空间融入城市，为市民提供大量散步、锻炼、休憩的开敞空间，可大大地提高城市的宜居性。绿道带状的绿色开敞空间和各有特色的景观节点美化了城市，为城市增加了多样化的景观要素，丰富了空间格局和景观。绿道还通过为人们提供方便的休闲和运动场所，改变了人们的生活方式，有利于增强人们的体质。

（4）有利于保护历史文化资源

绿道是展现传统文化的载体。以绿道网为纽带，串联中心城区与山水林地间的自然保护区、风景名胜区、森林公园、历史名园、自然博物馆和近现代文化建筑等，形成统一的文化体系，构成文化网络，把具有地域特色的传统文化载体整合到绿色空间中，从而保护历史文化资源，促进文化的传播。

（5）有利于减小城市灰色基础设施的压力

许多短程出行不一定要开车，但前提是要有绿色出行系统。如果通过绿道构建绿色出行网络，取代某些灰色基础设施的功能，则会有更多人放弃机动车出行，随之，城市灰色基础设施的压力也会减小。

1. 绿道的构建原则

（1）生态优先，节约环保

以支持构建区域生态安全格局、优化城乡生态环境为基础，充分结合现有地形、水系、植被等自然资源特征，避免大规模、高强度开发，保持和修复绿道及周边地区的原生生态功能，协调好保护与发展的关系，保持和改善重要生态廊道及沿线的生态功能与景观，让绿道充满"乡野的气息"。在绿道构建过程中充分遵循3R原则，即减量化（Reduce）：规划兼顾资源和条件，倡导绿道网建设坚持原生态、原产权、原民居、原民俗，原则上不租地、不征地、不拆迁、不改变原有土地使用性质；再利用（Reuse）：绿道选线充分利用现有的滨水路径、登山道、公园园道、森林防火道、二线巡逻道等现有资源，避免重复建设；再循环（Recycle）：鼓励优先采用性价比优良、体现健康绿色生活的新技术、新材料和新设备，如太阳能电灯、环保公厕等；鼓励建设可移动、可拆卸、非永久性设施。

（2）整合资源，协调规划

规划注重与城市总体规划、绿地系统规划、公共空间规划、慢行系统规划、公园景区规划等进行有效衔接，将文物古迹保护、风景名胜区保护、旅游资源开发、慢行系统与绿道网系统建设相结合，统筹考虑。

规划着眼于城市多系统的整体协调发展，注重与自然景观、河湖水系、功能分区、道路系统等各方面密切配合，通过绿道网将各部分有机连接起来，发挥其最大效益。

（3）结构完整，层级清晰

绿道网结构应与城市空间结构和肌理有机相融，整合城市特色山河资源，顺应城市总体发展框架，让人们深刻感受到独特的城市空间魅力。各级各类绿道的功能各有侧重，且相互作用和影响，通过整体网络的有效衔接来实现多元复合功能。

（4）以人为本，特色多样

突出以人为本，以慢行交通为主，避免与机动车的冲突，同时充分保障游客的人身安全，完善绿道的标识系统、应急救助系统，以及与游客人身安全密切相关的配套设施，让绿道洋溢"人文的关怀"。充分挖掘和突出地方人文特色，尊重地方风俗习惯和民族景观特色，立足于地方历史文化遗迹的有效保护，并结合各条绿道的自然特点，优先选用具有本地特色的树种和铺装材料，让绿道展现"地方的风情"。结合地方资源环境等基础条件，根据不同文化层次、职业类型、年龄结构和消费层次人群的需求，打造形式多样、功能各异的绿道，展现不同的目标和主题，体现多样化，让绿道呈现"多样的精彩"。

（5）便民利民，和谐宜游

充分利用现有的水系和道路，结合各城市绿地系统规划，将区域绿道、城市绿道、社区绿道贯通成网布局。加强绿道网与公共交通网的衔接，完善换乘系统，方便居民，创造和谐的生态环境，使得绿道环境和谐宜游。

2. 绿道的构建方法

（1）生态环境敏感区评价

生态环境敏感区评价主要包括生态因子选取、单因子评价和多因子综合评价。此次规划选取的生态因子主要包括绿地斑块、水体、道路、高程、工业水污染源等，在确定主要的生态因子后，对单个因子的敏感区进行不同等级的划定，生态环境敏感区评价需要充分考虑多个因子的敏感性，因此再将单个因子敏感区按一定的权重进行叠加处理，根据敏感区等级划分为高敏感区、较高敏感区、中敏感区和低敏感区。其中高敏感区和较高敏感区作为绿道的主要控制范围。

（2）确定绿道网的重要节点

对绿道网中的节点应进行重要性评价，挑选出较高级别的节点。绿道网选线规划应尽可能串联更多的有关自然和人文要素的节点，以充分展示地区的自然生态景观和历史文化底蕴，并为增强绿道吸引力、开发绿道综合效益奠定基础。这些节点包括：①自然节点，指具备生物多样性、景观独特性的区域；②人文节点，指具有一定文化、历史特色的区域；③城市公共空间，包括城镇建成区内的大型居住区、大型商业区、文娱体育区、公共交通枢纽等重点地区，以及公园、广场、绿地等公共开敞空间；④城乡居民点，指城乡宜居社区、乡镇和村庄等。

（3）确定绿道网选线布局密度

分析区域内尤其是生态郊野地区绿道潜在的游憩价值和已开发项目对区域的生态影响。通过容量控制方法降低项目开发影响，特别是具有生态危害的游憩项目的开发使用频率和活动范围。根据建设现状、用地性质和地区服务功能需求，结合生态评估结果和城市长远发展要求，通过绿道网慢行道密度控制来确定合理的绿道容量。

（4）确定绿道网的适宜路径

选取开敞空间边缘、交通线路和已有绿道等作为城市绿道网选线的依据，以优先串联重要节点为目标，综合考虑长度、宽度、通行难易程度和建设条件等因素，对线性通廊进行比较和选择，确定绿道的适宜线路：①开敞空间边缘，指体现自然肌理的水系边缘，如京杭大运河、长江、新通扬运河、廖家沟、芒稻河等，此类线性廊道最能体现绿道内涵，应优先予以考虑。②交通线路两侧，包括铁路、国道、省道、县道、高速公路，以及市政道路、景区游道和田间小道等。铁路如宁启铁路、连淮扬镇铁路，高速公路如京沪高速、宁通高速、扬溧高速和启扬高速，国省干道如宁通公路、新淮江线、扬天线、金宝线等。③已有绿道，包括已建成的绿道等，将其列入绿道路径。

（5）完善绿道各类配套设施

绿道网选线应结合绿道功能开发地段，完善相应的慢行交通设施，突出以人为本的原则，加强城市绿道网与城市交通系统、慢行交通系统的接驳，完善换乘系统，连接城区与郊区、各功能组团与组团内部，提高城市绿道网的连接度与可达性。与市域公共设施和市政设施相结合，按照绿道网选线要求与建设内容，完善城市绿道各类设施配套。根据确定的密度要求、容量要求，以及当地用地条件、经济状况和设施水平，合理配置驿站与服务点，选择性地设置售卖点、自行车租赁点等商业服务设施，儿童活动区、健身区、观景点等游憩设施，以及宣教与展示点等科普教育设施，并设置必要的安全保障设施与环境卫生设施。

3. 城市绿道分类

（1）区域型绿道

区域型绿道是指连接城市与城市，对区域生态环境保护和生态支撑体系建设具有重要影响的绿道。区域型绿道是连接城市与城市间的生态绿化走廊，加强了城市之间的物质交流，具有生态隔离与缓冲意义，同时具有游憩功能，为生态绿廊带来游憩意义。区域型绿道控制范围宽度一般不小于200m（表7-4）。

（2）城市型区域绿道

城市型绿道是指连接城市重要组团、对城市生态系统建设具有重要意义的绿道。城市型绿道主要串联城市公共空间体系，融合城市与自然，兼具环境意义及景观价值，承担城市组团间游览、游憩联系功能，并且一定程度上辅助城市交通，形成城市慢行交通系统。城市型绿道控制范围宽度一般不小于100m（表7-5）。

（3）社区型区域绿道

社区型绿道是指连接社区公园、小游园和接头绿地，主要为附近社区居民服务的绿道。社区型绿道联系区内公园、小游园、绿地等主要开

区域型绿道主要地段表　　　　　　　　　　　　　　　表7-4

绿道名称	主要功能	控制要求
京杭大运河绿道、京沪高速绿道、射阳河绿道、横泾河绿道、宝射河绿道、S333省道绿道、槐泗河绿道、扬宿高速绿道、宁启铁路线绿道、仪扬河绿道、沿江绿道、夹江绿道、廖家沟绿道	连接区域各城镇，对区域生态环境保护和生态支撑系统建设具有重大意义，同时可结合区域型绿道开展各项活动，例如科普教育活动、生态养生活动、户外远足运动、野外探险活动	1. 建议绿廊控制范围宽度不低于200m；步行道宽度不低于1.2m；自行车道宽度不低于1.5m；综合慢行道宽度不低于2m。 2. 实施严格的生态保护策略，加强对原生环境的恢复、维护和保育，除最基本的绿道配套设施外，禁止其他开发建设行为

城市型绿道主要地段表　　　　　　　　　　　　　　　表7-5

绿道名称	主要功能	控制要求
十里蜀冈绿道、赵家沟—西银沟绿道、二桥河绿道、七里河绿道、邗沟绿道、古运河绿道、沙河绿道、新通扬绿道、向阳河绿道、金湾路绿道、白塔河绿道（江都）、红旗河绿道（江都）	连接城市内重要功能组团，对城市生态系统建设具有重要意义，可结合城市型绿道开展农业体验活动、生态观光旅游活动、体育赛事活动、节庆民俗活动、乡野美食活动等	1. 绿廊控制范围宽度建议不低于100m；步行道宽度不低于1.5m；自行车道宽度不低于1.5m；综合慢行道宽度不低于3m。 2. 允许在限定条件下进行与其功能不相冲突的低强度开发建设，允许存在的设施的建筑密度以低于5%为宜，最高不得超过10%，容积率应低于0.20

绿道名称	主要功能	控制要求
水库绿道、沿山河绿道、揽月河绿道、揽月河带状公园、黄泥沟带状公园、赵家支沟带状公园、红旗河绿道（邗江）、运西中心河绿道、引潮河带状公园、念泗河带状公园、扬庄河滨河绿道、新城河绿道、东风河绿化绿道、马港河绿道、邗江河绿道、春江河绿道、周庄河绿道、横沟河绿道、蒿草河滨河绿道、二道河绿道、漕河绿道、护城河绿化绿道、小秦淮河绿道、槐泗河绿道、新月河绿道、冷却河绿道、沙施河绿道、纵一河绿道、沙湾河绿道、朱家河绿道、七里河绿道、高罗绿化绿道、潮龙巷河绿道、迎春河绿化绿道、龙桥河绿道、双沟新河滨河绿地、小涵河滨河绿道、文明河绿道、老通扬运河滨河绿地、韩万河绿道、小运河绿道、灰粪港绿道、城南维二河绿道、张纲河绿道、团结河绿道、正谊河滨河绿地、九龙河滨河绿地、曹荡河绿道、下沟河绿道、马桥河绿道、豆桥巷绿道、北箍江绿道	连接区级公园、小游园和街头绿地，主要为附近居民服务，如：文化交流活动、体育锻炼活动、儿童游乐活动、商业活动	1. 建议绿廊控制范围宽度不低于20m；步行道宽度不低于1.8m；自行宽度不低于2.5m；综合慢行道宽度不低于4m。 2. 要特别注意完善基础设施，方便居民之间的交流，形成绿道网，方便居民快速到达公园、小游园和街头绿地

放空间，满足居民便捷、近距离地游憩和休闲活动需求，方便联系和共享区内文化、商业、体育、游乐等公共服务设施。社区型绿道控制范围宽度一般不小于20m（表7-6）。

4. 城市绿道控制范围

城市绿道依托于城市与河流建立，结合人文景观、公园广场、街旁绿地设立，为人们提供慢跑、散步等场所，在城市建成区内，要充分考虑周边用地性质的限制，可适当缩小范围，但其控制范围不应小于20m。

绿道是一个开放的线性空间，在该范围内应严格控制与绿道功能不相容的开发项目的进入，只允许保留和进入以下与城市绿道功能不相冲突的用地类型或项目：

（1）耕地、园地、林地、水域、果园、湿地；

（2）公共性开敞绿地：各类公园、游乐园、野营基地、名胜古迹等；

（3）体育运动设施：运动场、球场、滑草场等；

（4）生产性绿地：花圃、苗圃、植物园等；

（5）游憩服务设施：农家乐、渔家乐等；

（6）其他：纪念性林地、防护林等。

5. 城市绿道设施的组成

城市绿道由包括各种自然因素的绿廊系统和满足绿道游憩功能添加的人工要素两大部分构成。

城市绿道的绿廊系统主要由地带性植物群落、水体、土壤、动物等自然要素以及一定宽度的绿化缓冲区构成，是城市绿道构成的基底。

城市绿道的人工要素包括：

（1）绿色空间节点：城市公园、街旁绿地、商业绿地、小游园、历史人文景点等重要游憩空间以及绿道与轨道交通和水系的交叉点等；

（2）绿道游径：自行车径、步行径、无障碍游径（残疾人专用道）、水道等；

（3）标识系统：标识牌、引导牌、信息牌；

（4）服务系统：租买、售赁、露营、咨询、救护、保安等；

（5）基础设施：出入口、停车场、环境卫生、照明、通讯等。

第8章

结论

8.1 主要研究结论

面对当下我国城市整体生存状态堪忧的境况，面对未来日益增长的城镇建设发展用地需求，我国生态资源的保护与城市增长的快速需求之间将面临前所未有的挑战。风景园林学科研究以协调人与自然之间的关系为宗旨，承担着保护城乡自然生态系统、构建城乡生态安全格局、促进绿色低碳发展的重要职责[12]，更需要从中去寻求问题的解决方法和措施。虽然近几年国内外对绿地生态网络相关研究较多，但从绿地生态网络的规划方法与最终相关部门的政策落实之间，从绿地生态网络的构建技术与切实可行的规划途径之间，相关研究也仅仅只是个开始，未来我们还是有太长的路要走，更需要时间的检验和实践的验证。

本书从新型城镇化下城乡生态环境的严峻性、城乡绿地建设的矛盾性、城乡绿地系统规划的挑战性出发，在总结国内外城乡绿地生态网络构建经验基础上，基于城乡发展需求与生态资源约束的矛盾现实，提出统筹城乡绿地生态网络构建的需求动力与供给约束因素，围绕此进行分析与研究，并以江苏省扬州市为案例验证其可行性。主要研究结论可概括为以下几个方面：

（1）新型城镇化建设下的城乡绿地生态网络概念的重新界定。面对新型城镇化下生态资源保护与城市发展的矛盾现象，不应局限于城市本身去寻求解决问题的思路，应当看到城市的很多问题发生发展无法忽略周边的乡村，城市的问题只有与乡村，乃至区域，协同一致成为整体，才能妥善解决。从空间刚性约束属性上而言，城乡绿地生态网络在多数情形下与周边自然、地形、地貌、文化特征和游憩资源类型有着密切的关系；作为连接和协调城乡关系发展的带状区域，通过整合各类自然、文化、游憩景观资源，从空间上起到控制并引导城乡合理发展的多层次、多目标的保护与协调框架作用。最终使城镇绿地与城镇其他用地相互耦合发展，实现对城市绿色开敞空间的全覆盖，形成与快速城市化共轭的城市绿色开敞空间控制体系。城乡绿地生态网络所构建的空间格局，应当是维护城乡生态系统服务的最关键、最高效、不可替代的重要底线。

从公共政策属性来说，城乡绿地生态网络是构筑完整城乡生态系统的重要保障，是城乡政治、经济、社会、文化体系的重要组成部分，它代表的是生态、文化、游憩三类网络向着城乡空间演进的一种战略、发展模式和生态保护策略，更加强调自然保护与建设行动的汇合。城乡绿地生态网络是在对城乡生态空间、城乡发展空间大量研究基础上的构建，是构筑城乡生态安全格局、实现城乡可持续发展的基本基底。

城乡绿地生态网络的构建应与土地利用总体规划、城镇体系规划、城乡绿地系统规划等相互协调，共同形成合力，增强管控效果，维护生态系统的科学性、完整性和连续性。城乡绿地生态网络构建涉及国土、林业、规划、环保、水利等多个专业部门，很容易造成政出多门及管理主体多头[12]。

笔者认为，首先要解决城乡空间下的绿地生态网络管理机制问题，否则其他谈论都是徒劳的。绿地生态网络构建体系更应体现刚性约束，不仅纳入城乡规划审批体系，成为纵向各层规划审批、土地使用项目开发建设的法定依据，也应遵从横向行业部门、相关专业规划的内容与要求，强化部门行业规划综合核审，体现各行业法律护航的合力[12]。

（2）城乡绿地生态网络构建体系的建立。通过对国内外城乡绿地生态网络理论和实践的总结，结合当前我国社会经济发展水平、自然环境条件以及制度体制，对构建具有中国特色的城乡绿地生态网络的理论体系、制度体系和管理体系进行思考。归纳总结了城乡绿地生态网络构建流程的六个步骤：收集和处理各类场地数据，详述绿地生态网络构建的目标体系，评价和分析城乡绿地生态网络的构建元素，多途径绿地生态网络的构建与叠加整合，运行机制与管理措施。以自然景观保护、文化遗产保护、市民游憩需要三种途径所构建的城乡绿地生态网络为目标网络，从市域、规划区、中心城区各自的需求出发，进行相应叠加多层级绿地生态网络，形成综合性城乡绿地生态网络，并在此基础上对城市绿地系统规划进行按尺度、按建设目标的规划整合。

（3）结合案例城市扬州，从自然生态资源、文化景观资源、市民游憩资源对扬州城乡绿地生态网络的构建资源进行解读分析，得出生态与人文资源的融合是扬州历经千年的演化、蜕变之后呈现的显著特征，也成为当前城乡绿地生态网络构建最为宝贵的特色资源。

以2003年Landsat 7和2013年Landsat 8影像为主要数据源，基于GIS环境下相关景观指标的绿地生态网络格局分析，为城乡绿地生态网络构建提供技术支撑。分析结果显示：扬州市土地利用类型状况明显发生改变，整体景观格局表现为破碎度降低、斑块更加规整、集聚化加强、优势度下降和多样性降低。在扬州市城市规划过程中，应继续加强对湿地的保护，加大对林地和草地的保护，加强城市绿地生态网络的建设，使扬州市景观格局要素增多、多样性上升，有利于扬州市城市系统更加稳定，真正实现城乡的可持续发展。

（4）结合最小耗费距离模型的网络体系模拟，论证了基于自然景观保护、文化景观保护、市民游憩需要的扬州城乡绿地生态网络构建的可行性与必要性；同时又结合新一轮扬州城市绿地系统规划修编工作，提出相应的规划对策，在规划过程中具体实践贯彻城乡绿地生态网络构建的思想与理念。

8.2 问题讨论

（1）本书以扬州城乡绿地生态网络构建作为实证研究，由于时间、资料、研究手段以及知识的限制，本研究仍存有一定的不足与待完善之处。加之案例城市扬州的资源特性，本书中所提出的城乡绿地生态网络构建的分析方法与技术也仅供参考，切莫生搬硬套，需结合各城市实际情况进行分析再优化。

（2）城乡绿地生态网络构建要素的全面性尚有待完善。城乡绿地生态网络构建要素不仅体现在自然、文化、游憩资源、城市植被、土地利用状况等方面，还突出表现在大气与水环境方面。因此，对大气与水环境的全面而系统的分析将有助于城乡绿地生态网络构建，但要获取较全面的大气与水环境污染的指标却困难重重，况且相关资料的客观性和科学性尚不能证明。

（3）城乡绿地生态网络不是一个静态的空间，而是一个在地域和功能等方面相互融合、相互包含的动态弹性空间。生态网络体系的构建目的是通过景观格局的优化来改善生态环境，具有自然化、网络化和多元化特征。本书所提出的基于自然景观保护、文化景观保护和市民游憩需要的城乡绿地生态网络的构建体系，也仅只是城市生态系统中的一个组成部分，生态系统是一个复杂的系统，绝非简单的自然景观、文化景观和各类游憩资源，城乡绿地生态网络构建体系也只是为城乡的良性发展提供一个基本框架，为促进未来城市更好发展，可建议适当地调整该区域内的土地利用与建设活动以符合生态网络体系构建的要求。但应当看到城乡绿地生态网络是不能简单代替生态系统的。应该说，如果要保护一个真正意义上完善的生态系统，还有相当大的工作空间和范畴。

8.3 研究展望

（1）区域空间尺度的城乡绿地生态网络构建

国际—国家—区域—社区已成为国外绿地生态网络规划中经常用到的空间尺度。然而，城市的区域背景环境和内部环境有着复杂的一面，生态要素之间存在着必然而复杂的关系。在城市环境日益恶化的今天，还需要从区域层面构建城乡绿地生态网络，协调区域层面、城市层面的关系，以更好地反映区域环境的整体关系，使城乡绿地生态网络与城市经济发展达到唇齿相依。

（2）城乡绿地生态网络构建技术的进一步挖掘与扩展应用

城乡绿地生态网络识别、分析和廊道构建是城乡绿地生态网络构建的基本技术，直接关系到绿地生态网络构建的成败。从目前提出的网络资源适宜性分析手段、景观格局分析评价技术来看，基本能够满足城乡绿地生态网络识别、分析和廊道构建工作的需要；但如何与当地土地利用协调结合起来，充分利用GIS技术实现城乡绿地生态网络空间数据库的实时性，成为下一步挖掘的内容。同时城乡绿地生态网络构建体系包括了很多有价值的城乡信息，可在资源保护、城市空间管控、生物多样性保护、规划监督体系和公众参与机制等方面进一步扩展应用。

附表

附表A 扬州市生态红线区域名录

扬州市生态红线区域名录

表A-1

地区	红线区域名称	主导生态功能	红线区域范围		面积（km²）		
			一级管控区	二级管控区	总面积	一级管控区	二级管控区
广陵区	茱萸湾风景名胜区	自然与人文景观保护	—	位于扬州市广陵区湾头镇北首，东至小新河，西傍京杭大运河，北通邵伯湖，南至湾头镇镇区，主要包括红星岛和壁虎岛的陆域范围及其之间的水域范围	1.48	—	1.48
	广陵区三江营饮用水水源保护区	水源水质保护	一级管控区为一级保护区，范围为：以取水口上游1000m至下游500m，向对岸500m至本岸背水坡之间的水域，与本岸背水坡堤脚外100m之间的陆域范围	二级管控区为二级保护区，范围为：一级保护区以外上溯2000m、下延500m的水域与相对应的本岸背水坡堤脚外100m之间的陆域范围，二级保护区和二级保护区以外上溯2000m、下延1000m的水域范围与相对应的本岸背水坡堤脚外100m之间的陆域范围	1.84	1.37	0.47
	京杭大运河（广陵区）洪水调蓄区	洪水调蓄	—	南至广陵区县界，北至茱萸湾，总长8200m	1	—	1
	广陵区重要渔业水域	渔业资源保护	—	位于广陵区沙头镇腹部，呈东西走向，东临沙头镇东大坝，西至沙头镇小虹桥村，为长江扬州段四大家鱼国家级水产种质资源保护区	2.55		2.55
	长江（广陵区）重要湿地	湿地生态系统保护	—	位于市区南部，呈东西走向，东邻镇江，南至长江北岸，西临邗江。包含京杭大运河下游3440m处至共青团农场西界1800m的陆域300~500m的区域以及对应长江水域范围	3.04	—	3.04
	长江（三江营）重要湿地	湿地生态系统保护	为广陵区长江三江营饮用水源地保护区一级管控区。范围为：以取水口上游1000m至下游500m，向对岸500m至本岸背水坡之间水域，与本岸背水坡堤脚外100m之间的陆域范围	位于头桥镇东南侧，呈东西走向，东至江都将交界处，南至镇江交界处，西至镇江交界处，北至长江岸线向陆域延伸300m处	4.11	1.37	2.74

地区	红线区域名称	主导生态功能	红线区域范围		面积（km²）		
			一级管控区	二级管控区	总面积	一级管控区	二级管控区
广陵区	邵伯湖（广陵区）重要湿地	湿地生态系统保护	现有廖家沟取水口的饮用水源保护区一级保护区，其范围为：取水口上、下游各1000m水域与两岸背水坡堤脚外100m之间的陆域范围（待新廖家沟取水口建成后，原廖家沟水源保护区的一级管控区将取消，因此不计算面积）	广陵区境内邵伯湖湿地范围为东至凤凰岛湿地公园－金湾半岛－自在半岛一线，南至泰安镇凤凰林场7号同南端，西至广陵区县界和三河岛200m陆域范围，北至邗江区交界处。包含现有廖家沟饮用水源保护区面积，其二级管控区范围为：一级保护区以外上溯2000m、下延500m的水域范围与相对应的本岸背水坡堤脚外100m之间的陆域范围，二级保护区以外上溯2000m、下延1000m的水域范围与相对应的两岸背水坡堤脚外100m之间的陆域范围	6.59	0.52	6.07
	廖家沟清水通道维护区	水源水质保护	一级管控区范围包含现有廖家沟饮用水源保护区一级保护区和拟搬迁新建廖家沟取水口饮用水源保护区一级保护区。现有廖家沟饮用水源保护区取水口位于万福闸南侧约100m处，其一级保护区范围为：取水口上、下游各1000m水域与两岸背水坡堤脚外100m之间的陆域范围。廖家沟取水口拟搬迁位置位于万福闸南侧约1500m处，其一级保护区范围为：取水口上、下游各1000m水域与两岸背水坡堤脚外100m之间的陆域范围（待廖家沟取水口搬迁建成后，原廖家沟水源保护区的一级管控区将取消，因此原廖家沟水源保护区的一级管控区面积不计算）	位于三河岛南侧，距扬州市区7.5km，廖家沟北接邵伯湖，南接夹江，长约11km，两侧陆域延伸100m范围为清水通道保护区。包含现有廖家沟饮用水源地保护区和廖家沟拟搬迁新建取水口水源保护区面积，其中现有廖家沟饮用水源保护区取水口位于万福闸南侧约100m处，廖家沟拟搬迁新建取水口位置位于万福闸南侧约1500m处，其二级保护区范围为：一级保护区以外上溯2000m、下延500m的水域范围与相对应的本岸背水坡堤脚外100m之间的陆域范围，二级保护区以外上溯2000m、下延1000m的水域范围与相对应的两岸背水坡堤脚外100m之间的陆域范围。一级管控区以外区域为二级管控区	9.37	1.72	7.65

地区	红线区域名称	主导生态功能	红线区域范围		面积（km²）		
			一级管控区	二级管控区	总面积	一级管控区	二级管控区
广陵区	广陵区夹江清水通道维护区	水源水质保护	—	包括沙头镇东大坝至夹江大桥14.9km和夹江大桥下游1000m至三江营夹江口3800m，宽500~980m，含陆域两侧100m	10.07	—	10.07
	芒稻河（广陵区）清水通道维护区	水源水质保护	—	东接江都，南至夹江，北连广陵。长9.09km，宽105~365m。含陆域两侧100m内（以提顶公路为准）	3.65	—	3.65
	高水河（广陵区）清水通道维护区	水源水质保护	—	北至凤凰岛国家湿地公园交界，南至江都交界处，全长2100m，包括河道河口上坎两侧各100m的范围	0.47	—	0.47
	扬州凤凰岛国家湿地公园	湿地生态系统保护	—	位于古城扬州市邗江区东北部泰安镇境内，东至高水河，南至徐家庄南路，西至邵伯湖，北至邵伯湖，主要包括金湾半岛、聚凤岛、芒稻岛中部分区域以及周边水体	2.25	—	2.25
	小计				44.58	3.61	40.97
邗江区	扬州蜀冈—瘦西湖风景名胜区	自然与人文景观保护	—	东至唐子城遗址东护城河东岸线、宋夹城东及南护城河东、南岸线、瘦西湖东堤以东60m、大虹桥路、长征西路、史可法路一线，南至盐阜路以南20m、绿杨城郭遗址、白塔路一线，西至念四路以东20m、蜀冈西峰、唐子城西护城河以西一线，北至唐子城北城垣护城河被岸线	7.43	—	7.43
	高旻寺风景区	自然与人文景观保护	—	位于邗江区三汊河畔，即邗江区瓜洲冻青村。东至古运河，南至瓜洲蒋庄村方庄组南路，西至冻青村，北至仪扬河	4.77	—	4.77

地区	红线区域名称	主导生态功能	红线区域范围		面积（km²）		
			一级管控区	二级管控区	总面积	一级管控区	二级管控区
邗江区	瓜洲古渡风景区	自然与人文景观保护	—	位于扬州的南郊古运河与长江的交汇处，分闸南、闸北二部分	0.08	—	0.08
	京杭大运河（邗江区）洪水调蓄区	洪水调蓄	—	北至广陵区县界，南至与长江交汇处，全长7.7km	1.82	—	1.82
	邵伯湖（邗江区）重要湿地	湿地生态系统保护	一级管控区为邵伯湖的核心湿地区	二级管控区为东至江都交界处，南至邗江区县界，西至邵伯湖大堤西200m，北至高邮交界处。包含邵伯湖国家水产种质资源保护区	73.31	34.5	38.81
	长江朴席重要湿地	湿地生态系统保护	—	位于朴席镇双桥村、杨涵村，东至军桥港，南至与镇江交界处，西至土桥引河，北至长江主江堤。包含长江瓜洲饮用水水源保护区上游二级保护区、准保护区面积	5.43	—	5.43
	润扬湿地公园	湿地生态系统保护	包含长江瓜洲饮用水水源保护区面积。一级管控区为扬州长江瓜洲饮用水水源一级保护区，范围为：取水口上游1000m至下游500m，向对岸500m水域，至本岸堤脚外100m之间的陆域范围	位于邗江区瓜洲镇苗木厂，东至扬瓜线，南临长江，西至润扬大桥北接线外沿到朴席镇境内，北至文化路。包含长江瓜洲饮用水水源保护区一级保护区和下游二级保护区、准保护区。长江瓜洲饮用水水源保护区二级保护区范围为：一级保护区以外上溯2000m、下延500m的水域范围与相对应的本岸背水坡堤脚外100m之间的陆域范围；准保护区范围为：二级保护区以外上溯2000m、下延1000m的水域范围与相对应的本岸背水坡堤脚外100m之间的陆域范围	3.91	0.75	3.16
	小计				96.75	35.25	61.5

地区	红线区域名称	主导生态功能	红线区域范围		面积（km²）		
			一级管控区	二级管控区	总面积	一级管控区	二级管控区
江都区	扬州渌洋湖自然保护区	生物多样性保护	一级管控区为自然保护区核心区和缓冲区，包括渌洋林场、昭关林场、滨湖林场、曹桥林场	位于江都区北部，邵伯镇渌洋湖村境内，京沪高速以西，南至戚墅村，北与高邮市接壤	15.1	2	13.1
	江都丁伙观光森林公园	自然与人文景观保护	—	东至三阳河，南至杭庄，西至小涵河，北至邵伯、真武交界处	34.77	—	34.77
	江都东郊城市森林公园	自然与人文景观保护	—	东至宜陵西湖村，南至大桥镇忠爱村，西至京沪高速公路，北至新通扬运河。涉及仙女镇、大桥镇、宜陵镇	31.33	—	31.33
	江都引江工程管理处风景名胜区	自然与人文景观保护	一级管控区范围为：从引江西闸至东闸及龙川大桥南北两岸	东至龙川大桥，西至引江水利枢纽工程处西闸，南北均为河道，四面环水	1.49	0.93	0.56
	南水北调东线源头饮用水水源保护区	水源水质保护	一级管控区为一级保护区，范围为：取水口上游1000m至下游500m，向对面500m至本岸背水坡之间的水域范围，以及一级保护区水域相对应的本岸背水坡堤脚外100m之间的陆域范围	取水口位于长江扬州段江都三江营处。保护区长7500m，沿线两侧各约500m。一级管控区以外范围为二级管控区	12.68	0.94	11.74
	江苏油田分公司试采一厂供水站饮用水源地保护区	水源水质保护	一级管控区为一级保护区，范围为：取水口上游1000m至下游1000m，及其两岸背水坡之间的水域范围和一级保护区水域与两岸背水坡堤脚外100m的陆域范围	二级管控区为二级保护区和准保护区。二级保护区范围为：一级保护区以外上溯2000m、下延500m的水域范围和二级保护区水域与两岸背水坡堤脚外100m的陆域范围；准保护区范围为：二级保护区以外上溯2000m、下延1000m的水域范围和准保护区水域与两岸背水坡堤脚外100m的陆域范围	2.25	0.58	1.67

地区	红线区域名称	主导生态功能	红线区域范围		面积（km²）		
			一级管控区	二级管控区	总面积	一级管控区	二级管控区
江都区	江都区邵伯自来水厂饮用水源地保护区	水源水质保护	一级管控区为一级保护区，范围为：取水口上游1000m至下游1000m，及其两岸背水坡之间的水域范围和一级保护区水域与两岸背水坡堤脚外100m的陆域范围。一级管控区与江苏油田分公司试采一厂供水站饮用水源地保护区重合面积为0.24km²	二级管控区为二级保护区和准保护区。二级保护区范围为：一级保护区以外上溯2000m、下延500m的水域范围和二级保护区水域与两岸背水坡堤脚外100m的陆域范围；准保护区为：二级保护区以外上溯2000m、下延1000m的水域范围和准保护区水域与两岸背水坡堤脚外100m陆域范围	2.25	0.62	1.63
	邵伯湖（江都区）重要湿地	湿地生态系统保护	—	以邵伯湖区为主体，东至大运河西堤，南至高水河，西与邵伯湖邗江段相连，北与高邮湖相接	14.84	—	14.84
	新通扬运河（江都区）清水通道维护区	水源水质保护	—	西起引江水利枢纽工程的东闸，东至郭村镇界沟村，全长28.5km，包括河道河口上坎两侧各300~500m的范围（其中江都城区内为河道河口上坎两侧300m范围，其他地区为河道河口上坎两侧500m范围）	19.68	—	19.68
	三阳河（江都）清水通道维护区	水源水质保护	—	南起宜陵北闸，北至江都与高邮的交界处，全长25.7km，包括河道河口上坎两侧各100m的范围	7.42	—	7.42
	高水河（江都）清水通道维护区	水源水质保护	一级管控区范围包括江苏油田分公司试采一厂供水站饮用水源地保护、江都区邵伯自来水厂饮用水源地保护和高水河（江都城区）饮用水水源保护区的一级保护范围，即取水口上、下游1000m及其两岸背水坡之间的水域与两岸背水坡堤脚外100m的陆域范围	南起江都引江工程管理处，北至邵伯六闸，全长15.26km，包括河道河口上坎两侧各100m的范围。一级管控区以外范围为二级管控区	6.38	2.53	3.85

地区	红线区域名称	主导生态功能	红线区域范围		面积（km²）		
			一级管控区	二级管控区	总面积	一级管控区	二级管控区
江都区	京杭大运河（江都区）清水通道维护区	水源水质保护	—	南起邵伯船闸（六闸），北至江都与高邮交界处，全长16km，包括河道河口上坎两侧各100m的范围	5.89	—	5.89
	芒稻河（江都区）清水通道维护区	水源水质保护	一级管控区为归江河道江都城区饮用水水源保护区一级保护区范围：取水口上、下游各1000m，及其两岸背水坡之间的水域与两岸背水坡堤脚外100m的陆域范围（所属水域75m）。水、陆域300m的及所属水域75m的范围为一级保护区，同时包括隶属江都仙女镇的西河滩村	西起引江工程管理处西闸，东至入江口，全长9.3km，包括河道两侧各100m的范围。涉及滨江新城管委会、大桥镇的新港村。一级管控区以外范围为二级管控区	3.51	0.94	2.57
	夹江（江都区）清水通道维护区	水源水质保护	—	西起入江口，东至三江营，全长11.3km，南水北调东线源头水源地及主要引水通道河口上坎两侧100m的范围	4.83	—	4.83
	引江河（江都区）清水通道维护区	水源水质保护	—	南至扬桥村，北至郭村江泰村，全长8.3km，南水北调东线主要引水通道河口上坎两侧1000m的范围	10.84	—	10.84
	浦头镇有机农业产业区	种质资源保护（有机银杏）	—	位于江都区浦头镇的东部，东与泰州接壤，南与大桥镇为邻，以袁滩村、陈仪村、浦东村为核心	14.17	—	14.17
	樊川镇有机农业产业区	种质资源保护（有机猕猴桃）	—	以樊川镇永安村为核心，东临中心河，南至团结河，西至真永路，北至盐邵河，涉及永联、养元、同丰等村组	17.28	—	17.28
	渌洋湖（江都区）湿地公园	湿地生态系统保护	一级管控区为扬州渌洋湖自然保护区核心区和缓冲区	位于江都市北部，东至真武镇滨湖村，南至昭关村，西至大运河西岸，北与高邮市接壤（包含扬州渌洋湖自然保护区面积）	55	2	53
	小计				240.11	7.34	232.77

地区	红线区域名称	主导生态功能	红线区域范围		面积（km²）		
			一级管控区	二级管控区	总面积	一级管控区	二级管控区
仪征市	仪征铜山省级森林公园	自然与人文景观保护	—	在铜山村范围内，东、北、西三面以环山道路为界，南至铜山街道	1.41	—	1.41
	扬州西郊省级森林公园	自然与人文景观保护	—	位于刘集镇白羊山、蚂蚁山和陈集镇大房村的马鞍山，东沿老虎巷通马鞍村公路，南沿季庄、吕洼北侧，西至左庄，北至小巫庄南侧	4.67	—	4.67
	龙山森林公园	自然与人文景观保护	—	东至中央大道，南至青山街道，西至龙安路，北至沿江高速	6.32	—	6.32
	登月湖风景名胜区	自然与人文景观保护	一级管控区为一级保护区，范围为：以取水口半径500m的区域范围	以月塘水库标高30m线向外延伸2000m。包含月塘水库饮用水水源保护区。一级管控区以外区域为二级管控区	23.87	0.79	23.08
	石柱山奇景园风景名胜区	自然与人文景观保护	一级管控区为核心景区	东南至泗大线公路，西至仪月公路，北至谢集集镇接壤，内有茶农村和茶农组	3.05	0.79	2.26
	仪征市红山风景名胜区	自然与人文景观保护	—	东至红光路，南至宁通公路，西与六合区接壤，北至沪陕高速公路	24.5		24.5
	仪征市饮用水水源保护区	水源水质保护	一级管控区为仪征港仪供水公司、仪化水厂长江饮用水水源保护区一级保护区：以取水口上游500m至下游500m，向对岸500m至本岸背水坡之间的水域，与本岸背水坡堤脚外100m之间的陆域范围	东临仪化码头，南临长江，西至小河口六合境内，北靠青山镇沿线陆地。其中仪征港仪供水公司、仪化水厂长江饮用水水源保护区二级保护区范围为：一级保护区以外上溯1500m、下延500m的水域范围与相对应的本岸背水坡堤脚外100m的陆域范围；准保护区范围为：二级保护区以外上溯2000m、下延1000m的水域范围与相对应的本岸背水坡堤脚外100m之间的陆域范围	2.61	0.8	1.81
	仪征西部丘岗水源涵养区	水源涵养	—	东至十月公路，南至月塘镇与青山镇、马集镇交界，西北至县界，区域内有月塘镇等行政村落（除集镇和工业集中区以外）	111.86	—	111.86

地区	红线区域名称	主导生态功能	红线区域范围		面积（km²）		
			一级管控区	二级管控区	总面积	一级管控区	二级管控区
仪征市	捺山茶园有机农业产业区	种质资源保护(有机茶)	—	该区域内有7组茶场，分别为茶农村（郑云组、王庄组、东赵组、尚庄组、尹庄组、农科组、捺山组）。不包括石柱山奇景园风景名胜区重叠面积	2.32	—	2.32
	枣林湾有机农业产业区	种质资源保护	—	东至马集镇，西至南京市六合区交界处，南至沪陕高速，北至月塘镇交界处	29	—	29
	小计				209.61	2.38	207.23
高邮市	高邮绿洋湖自然保护区	生物多样性保护	东、南至江都界，西至大港河，北至绿洋林场	—	5.18	5.18	—
	高邮湖湿地自然保护区	生物多样性保护	一级管控区为自然保护区的核心区和缓冲区。核心区东起湖滨老庄台，西至郭集大圩，南起漫水公路北侧1000m，北至新民滩北缘向北200m；缓冲区东起京杭大运河西堤，西至菱塘北岗，南起新民滩北端，北至御码头。另外还包括淮河入江水道（高邮）饮用水源保护区一级管控区，一级管控区为一级保护区：取水口半径500m的水域范围和取水口侧正常水位线以上200m的陆域范围。包含高邮湖大银鱼湖鲚国家级水产种质资源保护区核心区	二级管控区为自然保护区的实验区，其他界首芦苇荡等湿地为实验区。还包括淮河入江水道（高邮）饮用水源保护区的二级管控区，二级管控区为二级保护区和准保护区，二级保护区范围为：一级保护区以外，外延1000m的水域范围和一级保护区以外，外延3000m的陆域范围；准保护区范围为：二级保护区以外，外延1000m的水域范围和二级保护区以外，外延3000m的陆域范围。包含高邮湖大银鱼湖鲚国家级水产种质资源保护区，坐标范围为：N32°53′30″~N32°56′3″，E119°15′27″~E119°22′39″，核心区以外范围为二级管控区	466.67	92	374.67

地区	红线区域名称	主导生态功能	红线区域范围		面积（km²）		
			一级管控区	二级管控区	总面积	一级管控区	二级管控区
高邮市	京杭大运河（高邮市）清水通道维护区	水源水质保护	一级管控区范围为里运河高邮城区港邮一、二水厂饮用水水源保护区的一级保护区：港邮自来水公司一水厂取水口南延1000m至二水厂取水口北延1000m及两取水口之间与两岸背水坡之间的水域范围，及与其相对应的两岸背水坡堤脚外100m的陆域范围	北至界首子婴闸，南至高邮江都交界，全长43km。范围为：城区为运河两侧水崖线至河堤公路中间线，非城区河段陆域为两侧河堤岸水坡向外延伸100m。其中，里运河高邮城区港邮一、二水厂饮用水水源保护区的二级保护区范围为：一级保护区以外向南、北各外延2000m水域范围与相对应的两岸背水坡堤脚外100m的陆域范围；准保护区范围为：二级保护区以外向南、北各外延2000m水域范围与相对应的两岸背水坡堤脚外100m陆域范围	20.22	0.77	19.45
	三阳河（高邮市）清水通道维护区	水源水质保护	一级管控区为三阳河（高邮）饮用水水源保护区一级保护区	南至汉留镇兴汉村，北至临泽镇陆涵村，河宽150m，全长40km，范围为三阳河水体及河口上坎两侧陆域100m。包含三阳河（高邮）饮用水水源保护区二级保护区和准保护区	10.88	0.43	10.45
	高邮东湖省级湿地公园	湿地生态系统保护	—	东起林场，南至陆大圩，西至清水潭，北至东湖路	5.2	—	5.2
	小计				508.15	98.38	409.77
宝应县	宝应运西自然保护区	生物多样性保护	一级管控区范围以宝应湖隔堤为基线，向湖整体推进1060m至南北主航道，向陆地上延伸50m至排河，南至宏图河，北至刘堡渡口。包含宝应湖国家级水产种质资源保护区的核心区	东以京杭大运河为界，南至高邮湖，西至金湖县，北至山阳镇宝应湖隔堤（不包含原中港集镇规划范围）。一级管控区以外区域为二级管控区。包含扬州宝应湖国家湿地公园和宝应湖国家级水产种质资源保护区二级管控区，界址点坐标范围为：E119°16′17.48″~E119°19′21.02″，N33°08′28.54″~N33°06′33.82″	171.47	2.75	168.72

地区	红线区域名称	主导生态功能	红线区域范围		面积（km²）		
			一级管控区	二级管控区	总面积	一级管控区	二级管控区
宝应县	里运河（宝应县）饮用水水源保护区	水源水质保护	一级管控区为一级保护区，范围为：取水口上游1000m至下游1000m，及其两岸背水坡之间的水域范围和一级保护区水域与相对应的两岸背水坡堤脚外100m的陆域范围	二级管控区为二级保护区和准保护区。二级保护区范围为：一级保护区以外上溯2000m、下延500m的水域，中港河从与里运河交汇口向西2000m的水域范围和二级保护区水域与两岸背水坡堤脚外100m的陆域范围；准保护区范围为：二级保护区以外上溯2000m、下延1000m的水域范围和准保护区水域与两岸背水坡堤脚外100m之间的陆域范围	2.44	0.56	1.88
	潼河饮用水水源保护区	水源水质保护	一级管控区为一级保护区，范围为：取水口上游1000m至下游500m，及其两岸背水坡之间的水域范围和一级保护区水域与相对应的两岸背水坡堤脚外100m的陆域范围	二级管控区包括二级保护区和准保护区。二级保护区范围为：一级保护区以外上溯2000m、下延500m的水域和陆域，三横河从与潼河交汇处向南北各2000m的水域范围与两岸背水坡堤脚外100m的陆域范围；准保护区范围为：二级保护区以外上溯2000m、下延1000m的水域范围和准保护区水域与两岸背水坡堤脚外100m的陆域范围	2.74	0.56	2.18
	宝应射阳湖重要湿地	湿地生态系统保护	—	东至县界，与建湖县交界，南至安丰河，西至钱沟副业圩西隔堤（营沙河），北至县界，与建湖县交界	30.98	—	30.98
	潼河清水通道维护区	水源水质保护	—	涉及夏集镇蒋庄、王营、友映、相庄、卫星、王桥、万民和范水镇新民村。东至蒋庄以东与三阳河连接处，西至京杭大运河，南北宽250m，长约21km	2.22	—	2.22

地区	红线区域名称	主导生态功能	红线区域范围		面积（km²）		
			一级管控区	二级管控区	总面积	一级管控区	二级管控区
宝应县	京杭大运河（宝应县）清水通道维护区	水源水质保护	—	京杭大运河在宝应境内长40.75km²，宽度70~100m，河东岸有夏集、范水、安宜、泾河4个镇，西岸有范水、山阳镇。从大运河西岸向东延伸180m范围为清水通道维护区	6.12	—	6.12
	西安丰镇有机农业产业区	种质资源保护	—	位于西安丰镇，东至崔渡村，西至太仓村，东西长1300m，南北宽1050m。基地内有苗圃村一、二、三、四组，太仓村太河组，崔渡村元家、伏庄组	1.33	—	1.33
	望直港镇和平荡有机农业产业区	种质资源保护(荷藕)	—	位于望直港镇内，东至前进河，南至宝射河，西至和平村，北至南沙隔圩，东西长1500m，南北宽1800m。内有南沙村、和平村、仲圩村、大树村4个村，权属为集体所有，未分到村组	2.33	—	2.33
	鲁垛镇小槽河有机农业产业区	种质资源保护	—	东至隔圩，南至仁里荡，西至小槽河，北至向阳河。内有陶林村光明、光辉、红日、立新组，新民村一、二、三、四、五、六组，三新村东湖、红阳、东风、永新组	2.04	—	2.04
	射阳湖镇荷园有机农业产业区	种质资源保护(荷藕)	—	东至姜庄村二组，南至姜庄村三组和冲林村五组，西至钱沟村十六组，北至横水公路和冲林村三组	1.64	—	1.64
	柳堡镇仁里荡有机农业产业区	种质资源保护(荷藕)	—	东至前进河，迎湖村乔金组，西至激流河，南至张袁村荡口组，涉及仁里村昌庄组、合心组、新福组，北至鲁垛镇三新村东湖	2.63	—	2.63

地区	红线区域名称	主导生态功能	红线区域范围		面积（km²）		
			一级管控区	二级管控区	总面积	一级管控区	二级管控区
宝应县	扬州宝应湖国家湿地公园	湿地生态系统保护	—	东至苗圃路、新农路、外湖圩、宝应湖航道西侧、临湖杉庄北侧鱼塘东圩，南至刘堡河、新农路闸河、马沟渡和湖心岛南侧，西至外湖圩、县界、银杏大道，北至安宜镇界、槐楼河、临湖杉庄北侧水沟	3.84	—	3.84
			小计		226	3.87	222.13
			合计		1325.2	150.83	1174.37

资料来源：江苏省人民政府，江苏省生态红线区域保护规划，2013年7月。

附表B 扬州市主要城市公园绿地统计表

公园绿地现状一览表　　　　　　　　　　　　　　表B-1

序号	公园类型	数量	面积（hm²）
1	综合公园(G11)	26	1201.58
2	社区公园(G12)	49	106.09
3	专类公园(G13)	29	257.07
4	带状公园(G14)	24	269.56
5	街旁绿地(G15)	64	63.7
合计		182	1898

数据来源：扬州市园林局。

综合公园现状一览表　　　　　　　　　　　　　　表B-2

序号	名称	位置	绿化面积（hm²）	类型
1	瘦西湖公园	扬州古城西北	500	市级综合公园
2	明月湖公园	文昌西路与国展路交汇处	81.62	市级综合公园
3	茱萸湾公园	湾头镇茱萸湾路888号	84	市级综合公园
4	润扬森林公园	扬州瓜洲	282.15	市级综合公园
5	瓜州闸公园	瓜州大道附近	13.6	区级综合公园
6	荷花池公园	大学南路105号	11.5	区级综合公园
7	竹西公园	竹西路30号	8.9	区级综合公园
8	蜀冈西峰生态公园	维扬区平山堂西路18号	60	区级综合公园
9	曲江公园	文昌路观潮路交叉口	45	区级综合公园
10	引潮河公园	百祥路文汇西路交叉口北200m	12.82	区级综合公园
11	蝶湖公园	邗江区祥和路	10.54	区级综合公园
12	河东片区公园	文昌东路与沙湾中路西部	10	区级综合公园
13	人民生态公园	江都区运河路与仙女路西北	5.8	区级综合公园
14	京杭之星人工湖	京杭之星	7.65	区级综合公园
15	春江湖公园	春江湖周边	32.33	区级综合公园
16	大桥公园	五台山大桥	35.67	区级综合公园
合计		1201.58hm²		

序号	名称	位置	绿化面积（hm²）	类型
1	揽月河公园	揽月河	3.1	居住区公园
2	连运小区公园绿地	连运小区	2	居住区公园
3	杭集镇三笑花苑游园	杭集镇三笑花苑	4.5	居住区公园
4	宝带小区游园	宝带小区	1.5	小区游园
5	康乐小区游园	康乐小区	1.56	小区游园
6	海德公园	海德庄园	1.5	小区游园
7	东方百合园	东方百合	0.74	小区游园
8	翠岗小区	翠岗小区	0.72	小区游园
9	四季园小区	四季园小区	1.31	小区游园
10	栖月苑	栖月苑	2.1	小区游园
11	莱福花园	莱福花园	1.5	小区游园
12	石油新村	石油新村	1.15	小区游园
13	宝带小区	宝带小区	0.8	小区游园
14	梅香苑	梅香苑	1.85	小区游园
15	新城花园	新城花园	1.2	小区游园
16	玉盛公园	玉盛公园	1.16	小区游园
17	连运小区	连运小区	1.6	小区游园
18	梅花山庄	梅花山庄	1.63	小区游园
19	文昌花园	文昌花园	2.24	小区游园
20	三笑花苑	三笑花苑	4.5	小区游园
21	中远欧洲城	中远欧洲城	1.3	小区游园
22	绿洲家园	绿洲家园	2.3	小区游园
23	桑北新村公园绿地	桑北新村公园	1.5	小区游园
24	学府苑游园	学府苑	0.5	小区游园
25	武塘小区游园	武塘小区	0.3	小区游园
26	梅岭花园游园	梅岭花园	0.6	小区游园
27	世纪康城	世纪康城	3.94	小区游园
28	长江国际花园	长江国际	2.66	小区游园
29	建民路南小区	建民路南	1.21	小区游园

序号	名称	位置	绿化面积（hm²）	类型
30	瘦西湖新苑农贸市场	瘦西湖新苑农贸市场	4	小区游园
31	古韵新苑小游园	古韵新苑	3.3	小区游园
32	中海玺园游园	中海玺园	5.3	小区游园
33	景岳云和小游园	景岳云和	1.3	小区游园
34	杉湾花园小游园	杉湾花园	4	小区游园
35	江南佐岸游园	江南佐岸	2	小区游园
36	头桥红平小区小游园	头桥红平小区	5.3	小区游园
37	瘦西湖安置区游园	瘦西湖安置区	8.8	小区游园
38	华丰紫郡绿地	华丰紫郡	4.59	小区游园
39	锦官名邸绿地	锦官名邸	0.47	小区游园
40	世纪豪园绿地	世纪豪园	2.2	小区游园
41	香江滨江园	香江滨江	0.86	小区游园
42	中远依云郡游园	中远依云郡	0.75	小区游园
43	世纪康城游园	世纪康城	0.95	小区游园
44	三元广场游园	三元广场	1.1	小区游园
45	南苑二村游园	南苑二村	1.8	小区游园
46	欧罗巴广场	欧罗巴广场	2.7	小区游园
47	长江路游园	长江路	2	小区游园
48	友谊花园	友谊花园	2.4	小区游园
49	中远欧洲城游园	中远欧洲城	1.3	小区游园
合计	106.09hm²			

专类公园现状一览表　　　　表B-4

序号	名称	位置	绿化面积（hm²）	类型
1	体育公园	文昌西路真州北路交叉口	20.96	体育公园
2	博物馆	文昌西路	3.5	纪念性公园
3	茅山公墓	北郊小茅山友谊路	0.6	墓园林地
4	笔架山风景区	笔架山	7.1	生态风景区
5	大明寺	蜀冈中峰	44.92	寺庙公园

序号	名称	位置	绿化面积（hm²）	类型
6	烈士陵园	大明寺东侧	2.43	纪念性公园
7	观音山禅寺	观音山	2.5	寺庙公园
8	重宁寺	重宁南巷与长征路西北部	1.5	寺庙公园
9	盆景园	新北门桥至大虹桥北城河北岸	5	盆景园
10	红园	友谊路3号附近	2.2	休闲公园
11	史可法纪念馆	史可法路与丰乐上街西北部	4	纪念性公园
12	个园	东关街	1.63	历史名园
13	仙鹤寺	汶河南路	1	寺庙公园
14	何园	徐凝门街	1.48	历史名园
15	普哈丁墓园	城东古运河东岸	4	纪念性公园
16	文峰公园	宝塔路文峰路西北	0.38	寺庙公园
17	二分明月楼	广陵路	1	历史名园
18	小盘谷	丁家湾	2	历史名园
19	文津园	汶河南路	1.7	休闲公园
20	肯特园	石塔桥南	0.2	纪念性公园
21	高旻寺	仪扬河与古运河交汇处西南	32.02	文化公园
22	瓜洲古渡公园	古运河下游与长江交汇处	6.56	纪念性公园
23	文化公园	广陵区泰州路(近东关街)	4.6	休闲公园
24	烈士陵园（江都）	江都市仙女镇通联路	5.5	纪念性公园
25	仙女公园	江都市公园路	2.1	历史名园
26	少年宫绿地	南通西路	1.33	儿童公园
27	引江公园	邗江路	90.3	水利公园
28	体育场绿地	新城西区体育公园	3.66	体育公园
29	长生庵公园	南区浦江东路	2.9	历史名园
合计			257.07hm²	

序号	名称	位置	绿化面积（hm²）	类型
1	京杭大运河风光带	江扬大桥至扬州大桥两侧	45	带状公园
2	古运河风光带	古运河两侧	81	带状公园
3	小秦淮河	小秦淮河两侧	4.19	带状公园
4	二道河	二道河两侧	4.5	带状公园
5	七里河林荫带	七里河两侧	3.53	带状公园
6	护城河滨河绿带	护城河北侧	2.76	带状公园
7	新城河绿化带	新城河两侧（江阳中路以北段）	4.46	带状公园
8	吕桥河滨河绿带	吕桥河两侧	0.1	带状公园
9	长河滨河绿带	长河两侧	0.73	带状公园
10	蒿草河滨河绿带	蒿草河两侧	2.3	带状公园
11	杨庄河滨河绿带	扬庄河两侧	0.53	带状公园
12	邗沟滨河绿带	邗沟河北侧	5.22	带状公园
13	漕河滨河绿带	漕河两侧	7.5	带状公园
14	仪扬河滨河绿带	仪扬河从西银河至吕桥河段北侧	8.14	带状公园
15	沿山河滨河绿带	沿山河两侧	10.8	带状公园
16	黄泥沟滨河绿带	江都区黄泥沟两侧	12.3	带状公园
17	邗沟滨河绿带	邗沟河南侧	7	带状公园
18	玉带河滨河绿地	玉带河西侧	0.32	带状公园
19	河滨公园带状绿地	河滨公园	10.58	带状公园
20	新通扬运河滨河绿地	新通扬运河	48.4	带状公园
21	龙桥河滨河绿地	龙桥河	1.7	带状公园
22	站南路沿河风光带	站南路沿河两侧	6.2	带状公园
23	引潮河绿带	引潮河两侧	0.2	带状公园
24	灰粪港东线绿带	灰粪港左侧	2.1	带状公园
合计	269.56hm²			

资料来源：扬州市园林局。

［1］苏同向，王浩. 绿道与城市绿地系统规划整合研究——以江苏盐城为例［J］. 福建林业科技，2015，42（4）：182–187.

［2］刘滨谊. 绿道在中国未来城镇生态文化核心区发展中的战略作用［J］. 中国园林，2012，28（6）：5–9.

［3］中国经济网. 国家统计局：2014年中国城镇化率达到54.77%［EB/OL］.［2015–01–20］. http://politics.people.com.cn/n/2015/0120/c70731–26417968.html

［4］国土资源部：应以"用地极限"控城镇化规模［N/OL］. 经济参考报，［2013–04–02］. http://huzhou.house.sina.com.cn/news/2013–04–02/09482510778.shtml

［5］吴良镛. 中国城市发展的科学问题. 城市发展研究［J］. 2004（1）：9–13.

［6］全国绿化委员会办公室. 2014年中国国土绿化状况公报［N/OL］. 中国绿色时报，［2015–03–12］. http://money.163.com/15/0312/11/AKGMC2VJ00254TI5.html

［7］肖绍徽. 浅谈森林景观破碎化及其相关问题［J］. 安徽建筑，2012，19（3）：29–30.

［8］董力荣. 遂宁市现代生态田园城市建设与对策研究［D］. 雅安：四川农业大学，2013.

［9］杨震，裴建文. 构建节约型绿化园林城市的思考——以扬州市城市绿化建设为例［J］. 企业研究，2012（24）：148–150.

［10］潘刚，马知遥. 2013年中国传统村落研究评述［J］. 长春市委党校学报，2014（6）：9–13.

［11］王一鸣. 坚持走中国特色新型城镇化道路［J］. 全球化，2014（12）：102–105.

［12］苏同向，王浩. 生态红线概念辨析及其划定策略研究［J］. 中国园林，2015（5）：48–52.

［13］容曼，蓬杰蒂. 生态网络与绿道：概念、设计与实施［M］. 北京：中国建筑工业出版社，2011.

［14］刘纯青. 市域绿地系统规划研究［D］. 南京：南京林业大学，2008.

［15］李颖喆. 山地探险旅游开发研究［D］. 青岛：中国海洋大学，2013.

［16］Cook E.Landscape planning and ecological networks: an introduction[J]. Landscape Planning and Ecological Network，1994，327（8）：741–743.

［17］刘滨谊，吴敏. 基于空间效能的城市绿地生态网络空间系统及其评价指标［J］. 中国园林，2014（8）：46–50.

［18］张庆费. 城市绿色网络及其构建框架［J］. 城市规划汇刊，2002（1）：75–80.

［19］苏同向，王浩，费文军. 基于绿色基础设施理论的城市绿地系统规划［J］. 中国园林，2011（1）：84–89.

［20］Ahern, J. Greenways as a planning strategy[J]. Landscape and Urban Planning，1995,33（1–3）：131–155.

［21］李佳. 基于景观生态学的城乡一体化绿道网络规划研究［D］. 长沙：中南大学，2014.

［22］周年兴，俞孔坚，黄震方. 绿道及其研究进展［J］. 生态学报，2006（9）：3108-3116.

［23］徐文雄，黎碧茵. 绿道建设对于珠三角城乡统筹发展的作用［J］. 热带地理，2010（5）：515-520.

［24］风景园林新青年. 认识绿道：一种风景园林规划策略［EB/OL］.［2011-06-09］. http://www.youthla.org/2011/06/understanding-greenway-as-a-landscape-planning-strategy-1/

［25］付喜娥，吴人韦. 绿色基础设施评价（GIA）方法介述：以马里兰州为例［J］. 中国园林，2009（9）：98-111.

［26］张秋明. 绿色基础设施［J］. 国土资源情报，2004（7）：35-38.

［27］张云路. 基于绿色基础设施理论的平原村镇绿地系统规划研究［D］. 北京：北京林业大学，2013.

［28］王慧猛. 郑州市区绿色开放空间分析与优化［D］. 郑州：河南大学，2013.

［29］刘晓峰. 系统方法概述与应用［J］. 科技信息，2012（13）：77.

［30］罗琦，许浩. 绿道研究进展综述［J］. 陕西农业科学，2013（2）：127-131.

［31］刘滨谊，王鹏. 绿地生态网络规划的发展历程与中国研究前沿［J］. 中国园林，2010（3）：1-5.

［32］福斯特·恩杜比斯. 生态规划历史比较与分析［M］. 北京：中国建筑工业出版社，2013.

［33］Zaitzevsky C. Frederick Law Olmsted and theBoston park system[M]. Boston: Belknap Press，1983.

［34］郭巍. 美国景观规划百年历程及其启示：从奥姆斯特德到麦克哈格［D］. 北京：北京林业大学，2008.

［35］赵晶. 从风景园到田园城市：18世纪初期到19世纪中叶西方景观规划发展及影响［D］. 北京：北京林业大学，2012.

［36］赵晶. 城市公园系统与城市空间发展——19世纪中叶欧美城市公园系统发展简述［J］. 中国园林，2014（9）：13-17.

［37］张洋. 景观对城市形态的影响——以波士顿的城市发展为例［J］. 建筑与文化，2015（3）：140-141.

［38］Metropolitan Park Commissioners. Report of the board of metropolitan park commissioners[M]. Cambridge, Mass: Wright & Potter Printing Co.,1907.

［39］郭巍，侯晓蕾. 美国都市公园系统之父——查尔斯·埃里奥特［J］. 中国园林，2011（1）：77-81.

［40］邢忠，乔欣，叶林，等. "绿图"导引下的城乡结合部绿色空间保护——浅析美国城市绿图计划［J］. 国际城市规划，2014（5）：51-58.

［41］李咏华，王竹. 马里兰绿图计划评述及其启示［J］. 建筑学报，2010（4）：26-32.

［42］徐丹，陈秋晓，王彦春. 基于案例对比的绿色基础设施的建设模式研究［J］. 建筑

与文化，2016（10）：110-111.

［43］Cox,J.R.Kautz, M.MacLaughlin,et al.Closing the gaps in Florida's wildlife habitat conservation system: recommendations to meet minimum conservation goals for declining wildlife species and rare plant and animal communities[J]. 1994.

［44］贝内迪克特，麦克马洪. 绿色基础设施：连接景观与社区［M］. 北京：中国建筑工业出版社，2010.

［45］Kautz, R. S. Trends in Florida wildlife habitat 1936~1987［J］. Florida Scientist，1993（56）：7-24.

［46］徐文辉. 绿道规划设计理论与实践［M］. 北京：中国建筑工业出版社，2010.

［47］彭镇华. 论中国森林生态网络体系城镇点的建设［J］. 世界林业研究，2002，15（1）：53-60.

［48］林丽清. 武汉市城市森林生态网络多目标规划研究［D］. 武汉：华中农业大学，2011.

［49］方文，何平，王海洋，等. 山地型城市森林生态网络构建［M］. 北京：中国林业出版社，2013.

［50］刘滨谊，王鹏. 绿地生态网络规划的发展历程与中国研究前沿［J］. 中国园林，2010（3）：1-5.

［51］卜晓丹，王耀武，吴昌广. 基于GIA的城市绿地生态网络构建研究——以深圳市为例.［C］//城乡治理与规划改革——2014中国城市规划年会论文集. 北京：中国建筑工业出版社，2014.

［52］原煜涵. 哈尔滨主城区生态网络规划策略研究［D］. 哈尔滨：哈尔滨工业大学，2012.

［53］陈春娣，Meurk, Colin，等. 城市生态网络功能性连接辨识方法研究［J］. 生态学报，2015（10）：1-13.

［54］陈剑阳，尹海伟，孔繁花，等. 环太湖复合型生态网络构建研究［J］. 生态学报，2015（5）：1-13.

［55］孙逊，张晓佳，雷芸，等. 基于城镇绿地生态网络构建的自然景观保护恢复技术与网络规划［J］. 中国园林，2013（10）：34-39.

［56］张林，田波，周云轩，等. 遥感和GIS支持下的上海浦东新区城市生态网络格局现状分析［J］. 华东师范大学学报，2015（1）：240-251.

［57］刘滨谊，吴敏. 以绿道建构城乡绿地生态网络构成特性与价值［J］. 中国城市林业，2013（05）：1-5.

［58］傅强，宋军，等. 生态网络在城市非建设用地评价中的作用研究［J］. 中国城市林业，2012（12）：91-96.

［59］张浪. 上海市基本生态网络规划特点的研究［J］. 中国园林，2014（06）：42-46.

［60］谢慧玮，周年兴，关健. 江苏省自然遗产地生态网络的构建与优化［J］. 生态学报，2014（22）：6692-6700.

［61］张浪. 基于基本生态网络构建的上海市绿地系统布局结构进化研究［J］. 中国园

林，2012（10）：65–68.

[62] 关于上海市基本生态网络规划主要内容的公示 [EB/OL]. [2010–12–02]. http://www.doc88.com/p-897572140255.html

[63] 上海市基本生态网络规划 [EB/OL]. [2013–06–24]. http://www.supdri.com/index.php?c=article&id=89

[64] 宋劲松，温莉. 珠江三角洲绿道网规划建设方法 [J]. 城市发展研究，2012（2）：7–14.

[65] 郭华，任国柱. 弹性城市目标下都市农业多功能性研究 [J]. 工程研究——跨学科中的工程，2012（2）：49–56.

[66] 王峤，曾坚，臧鑫宇. 高密度城区开放空间的生态防灾策略 [J]. 天津大学学报（社会科学版），2014（03）：221–227.

[67] 谭文勇，孙艳东. 弹性城市目标下的绵阳市朝阳片区城市更新改造设计初探 [J]. 西部人居环境学刊，2014，29（1）：91–96.

[68] 肖笃宁. 景观生态学 [M]. 北京：科学出版社，1990.

[69] 石忆邵. 城乡一体化理论与实践：回眸与评析 [J]. 城市规划学刊，2003（1）：49–54.

[70] 俞孔坚，李伟，李迪华，等. 快速城市化地区遗产廊道适宜性分析方法探讨——以台州市为例 [J]. 园林研究，2005，24（1）：69–76.

[71] 史正军，卢瑛，钟晓，等. 深圳城市绿地土壤质量状况研究 [J]. 园林科技，2006（01）：20–24.

[72] 申世广，王浩，英德平，等. 基于GIS的常州市绿地适宜性评价方法研究 [J]. 南京林业大学学报（自然科学版），2009，33（04）：72–76.

[73] 徐英. 现代城市绿地系统布局多元化研究 [D]. 南京：南京林业大学，2005.

[74] 梁静静. 城市绿地系统布局结构研究 [D]. 重庆：西南大学，2007.

[75] 张岸，齐清文. 基于GIS的城市内部人口空间结构研究——以深圳市为例 [J]. 地理科学进展，2007，26（1）：95–105.

[76] 严李锟. 扬州大气环境容量研究 [D]. 扬州：扬州大学，2010.

[77] 刘雨平. 地方政府行为驱动下的城市空间演化及其效应研究 [D]. 南京：南京大学，2013.

[78] 徐明珠. 基于用地现状图的城市空间格局要素提取研究 [D]. 南京：南京师范大学，2014.

[79] 刘怀玉，陈景春. 江苏大运河文化产业带的特色及其实现路径 [J]. 扬州大学学报（人文社会科学版），2010（3）：50–54.

[80] 邱小燕，刘海春. 扬州市区私家车排气污染现状调查及防治 [J]. 今日科苑，2013（24）：97–100.

[81] 王鹏，李松良，华常春，等. 绿色建筑小区节水方法研究——以扬州市为例 [J]. 扬州职业大学学报，2013，17（4）：25–28.

[82] 孙萍. 城市旅游与城市生态建设研究 [D]. 南京：南京林业大学，2009.

[83] 吴薇. 扬州瘦西湖园林历史变迁研究 [D]. 南京: 南京林业大学, 2010.

[84] 徐菊芬, 朱向国. 扬州城市滨水区规划研究初探 [J]. 江苏城市规划, 2008（11）: 15-19.

[85] 吉琳. 扬州市城市绿地特色初探 [D]. 南京: 南京林业大学, 2005.

[86] 周建东. 城市风景名胜公园环境容量研究 [D]. 南京: 南京林业大学, 2009.

[87] 黄炜炜. 扬州乡村旅游发展研究 [D]. 扬州: 扬州大学, 2007.

[88] 褚军刚, 谷康. 扬州高旻寺风景区概念规划 [J]. 安徽建筑, 2006, 13（5）: 40-42.

[89] 蔡春菊. 扬州城市森林发展研究 [D]. 北京: 中国林业科学研究院, 2007.

[90] 孙逊. 基于绿地生态网络构建的北京市绿地体系发展战略研究 [D]. 北京: 北京林业大学, 2014.

[91] 侍昊. 基于RS和GIS的城市绿地生态网络构建技术研究 [D]. 南京: 南京林业大学, 2010.

[92] 岳德鹏, 王计平, 刘永兵, 等. GIS与RS技术支持下的北京西北地区景观格局优化[J]. 地理学报, 2007（11）: 1223-1231.

[93] 王思思, 李婷, 董音. 北京市文化遗产空间结构分析及遗产廊道网络构建 [J]. 干旱区资源与环境, 2010, 24（6）: 51-56.

[94] 毛子龙, 杨小毛, 赖梅东. 成都龙泉山地区建设用地生态适宜性评价 [J]. 四川环境, 2011, 30（6）: 63-68.